명태가 노가리를 까니,
북어냐 동태냐

04 우리말에 깃든 생물이야기

명태가 노가리를 까니, 북어냐 동태냐

초판 1쇄 발행일 2016년 1월 20일
초판 2쇄 발행일 2018년 10월 22일

지은이 권오길
펴낸이 이원중 **펴낸곳** 지성사 **출판등록일** 1993년 12월 9일 **등록번호** 제10-916호
주소 (03458) 서울시 은평구 진흥로 68(녹번동 162-34) 정안빌딩 2층(북측)
전화 (02) 335-5494 **팩스** (02) 335-5496
홈페이지 지성사.한국 | www.jisungsa.co.kr **이메일** jisungsa@hanmail.net

ⓒ 권오길, 2016

ISBN 978-89-7889-312-1 (04470)
ISBN 978-89-7889-275-9 (세트)

이 도서의 국립중앙도서관 출판시도서목록(CIP)은 서지정보유통지원시스템 홈페이지
(http://seoji.nl.go.kr)와 국가자료공동목록시스템(http://www.nl.go.kr/kolisnet)에서
이용하실 수 있습니다. (CIP제어번호:CIP2016000807)

명태가
노가리를 까니,
북어냐
동태냐

지성사

스무 해 넘게 글을 써 오던 중 우연히 '갈등葛藤' '결초보은結草報恩' '청출어람青出於藍' '숙맥菽麥이다' '쑥대밭이 되었다' 등의 말에 식물이 오롯이 숨어 있고, '와우각상쟁蝸牛角上爭' '당랑거철螳螂拒轍' '형설지공螢雪之功' '밴댕이 소갈머리' '시치미 떼다'에는 동물들이 깃들었으며, '부유인생蜉蝣人生' '와신상담臥薪嘗膽' '이현령비현령耳懸鈴鼻懸鈴' '재수 옴 올랐다' '말짱 도루묵이다' 등에는 사람이 서려 있음을 알았다. 오랜 관찰이나 부대낌, 느낌이 배인 여러 격언이나 잠언, 속담, 우리가 습관적으로 쓰는 관용어, 옛이야기에서 유래한 한자로 이루어진 고사성어에 생물의 특성들이 고스란히 담겨 있음을 알았다. 글을 쓰는 내내 우리말에 녹아 있는 선현들의 해학과 재능, 재치에 숨넘어갈 듯 흥분하여 혼절할 뻔했다. 아무래도 이런 글은 세상에서 처음 다루는 것이 아닌가 하는 생각에서였으며, 왜 진작 이런 보석을 갈고닦지 않고 묵혔던가 생각하니 후회막급이었다. 그러나 늦다고 여길 때가 가장 빠른 법이라 하며, 세상에 큰일은 어쭙잖게도 우연에서 시작하고 뜻밖에 만들어지는 법이라 하니…….

정말이지, 글을 쓰면서 너무도 많은 것을 배우게 된다. 배워 얻는 앎의 기쁨이 없었다면 어찌 지루하고 힘든 글쓰기를 이렇게 오래 버텨 왔겠으며, 이름 석 자 남기겠다고 억지 춘향으로 썼다면 어림도 없는 일이다. 아무튼 한낱 글쟁이로, 건불만도 못한 생물 지식 나부랭이로 긴 세월 삶의 지혜와 역사가 밴 우리말을 풀이한다는 것이 쉽지 않겠지만 있는 머리를 다 짜내 볼 참이다. 고생을 낙으로 삼고 말이지. 누군가 "한 권의 책은 타성으로 얼어붙은 내면을 깨는 도끼다"라 설파했다. 또 "책은 정신을 담는 그릇으로, 말씀의 집이요 창고"라 했지. 제발 이 책도 읽으나 마나 한 것이 되지 않았으면 좋겠다.

"밭갈이가 육신의 운동이라면 글쓰기는 영혼의 울력"이라고 했다. 그런데 실로 몸이 예전만 못해 걱정이다. 심신이 튼실해야 필력도 건강하고, 몰두하여 생각을 글로 내는 법인데.

이 책을 포함하여 최소한 5권까지는 꼭 엮어보고 싶다. 이번 작업이 내 생애 마지막 일이라 여기고 혼신의 힘을 다 쏟을 생각이다. 새로 쓰고, 쓴 글에 보태고 빼고 하여 쫀쫀히 엮어 갈 각오다. '조탁'이란 문장이나 글 따위를 매끄럽게 다듬음을 뜻한다지. 아마도 독자들은 우리말 속담, 관용구, 고사성어에 깊숙이 스며 있는 생물 이야기를 통해 새롭게 생물을 만나 볼 수 있을 터다. 옛날부터 원숭이도 읽을 수 있는 글을 쓰겠다고 장담했고, 다시 읽어도 새로운 글로 느껴지며, 자꾸 눈이 가는, 마음이 한가득 담긴 글을 펼쳐보겠다고 다짐하고 또 다짐했는데, 그게 그리 쉽지 않다. 웅숭깊은 글맛이 든 것도, 번듯한 문장도 아니지만 술술 읽혔으면 한다. 끝으로 이 책에서 옛 어른들의 삶 구석구석을 샅샅이 더듬어 봤으면 한다. 빼어난 우리말을 만들어 주신 명석하고 훌륭한 조상님들을 참 고맙게 여긴다.

차례

글머리에   4

탄광 속 카나리아   11

되는 집에는 가지나무에 수박이 열린다   17

코끼리 비스킷 하나 먹으나 마나   22

부아 돋는 날 의붓아비 온다   28

절치부심하여도 늙음을 막을 자 없으니   33

엿장수 맘대로   39

개떡 같은 놈의 세상   45

그 정도면 약과일세!   50

전어 굽는 냄새에 집 나갔던 며느리 다시 돌아온다   55

집에서 새는 바가지는 들에서도 샌다   62

애간장을 태운다   68

명태가 노가리를 까니, 북어냐 동태냐   73

아닌 밤중에 홍두깨   79

송충이는 솔잎을 먹어야 산다   84

약방의 감초라!   90

비위가 거슬리다   95

울며 겨자 먹기 100

이런 염병할 놈! 105

새우 싸움에 고래 등 터진다 110

피가 켕기다 115

임금이 가장 믿고 소중하게 여기는 신하, 고굉지신 120

팥으로 메주를 쑨대도 곧이듣는다 126

캥거루족은 빨대족? 131

정글의 법칙, 약육강식 137

강남의 귤을 북쪽에 심으면 탱자가 된다, 남귤북지 142

미주알고주알 밑두리콧두리 캔다 148

어이딸이 두부 앗듯 153

어물전 망신은 꼴뚜기가 시킨다 158

벌집 쑤시어 놓은 듯 165

미역국 먹고 생선 가시 내랴 169

갈치가 갈치 꼬리 문다 174

빛 좋은 개살구 180

우황 든 소 같다 185

대추나무 연 걸렸네 191

진주가 열 그릇이나 꿰어야 구슬   196

귓구멍에 마늘쪽 박았나   201

무 밑동 같다   207

시다는데 초를 친다   213

메뚜기도 유월이 한철이다   218

가지나무에 목을 맨다   223

사후 약방문   228

숯이 검정 나무란다   233

콩나물에 낫걸이   239

비둘기 마음은 콩밭에 있다   245

훈장 똥은 개도 안 먹는다   250

족제비도 낯짝이 있다   255

될성부른 나무는 떡잎부터 알아본다   261

참깨 들깨 노는데 아주까리 못 놀까   266

가을 아욱국은 사위만 준다   271

아메바적 사고법   276

일러두기

1. 학명은 이탤릭체로 표기하였다.

2. 책 이름은 『 』로, 작품(시, 소설, 그림, 노래) 제목은 「 」로 표기하였으며, 신문과 잡지 명은 〈 〉로 구분하였다.

3. 어려운 한자나 외래어는 되도록 쉬운 우리말로 표기하고자 하였으며, 의미를 좀 더 분 명하게 하기 위해 필요한 경우 한자 또는 영문을 병기하였다.

탄광 속 카나리아

19세기에서 20세기 초까지는 수 킬로미터의 굴을 깊숙이 파고드는 탄광에 특별한 환기 시설이 없었기 때문에 광부들이 늘 독가스에 중독될 위험에 처해 있었다. 그 때문에 그들은 탄광에 들어갈 때는 항상 카나리아를 데리고 들어갔으니, 새가 메탄과 일산화탄소에 매우 민감하여 가스에 노출되면 시나브로 죽기 때문이었다. 그래서 카나리아가 노래하고 있으면 안도하며 일을 했지만 조금만 이상한 징조가 보이면 재빠르게 탄광에서 탈출했다. 몸집이 작은 새에 비해 덩치가 큰 사람이 독가스에 더 강한 것은 당연하다. 수많은 사람을 죽이고 뇌를 다치게 했던 일산화탄소 중독이 바로 그 지긋지긋한 '연탄가스 중독' 아니던가.

이렇게 '탄광 속 카나리아'라는 말은 자기도 모르게 닥쳐오는 정치나 경제, 사회에서 풀어야 할 난제를 미리 경고해주는 지시약이요 초기 경보로, 특정한 문제에 대한 잣대를 뜻한다. 지구 곳곳에 문제가 있다고 '카나리아'가 그렇게 경고를 해대건만 무지몽매한 인간은 눈치채지 못하니 안타깝고 아쉽기 그지없다.

비슷한 의미로 '잠수함의 토끼'라는 표현이 있다. 요즘은 산소 공급 기계가 있어 아무 문제가 없지만, 예전에는 잠수함이 밀폐된 공간이었기 때문에 공기가 혼탁해지면 민감한 반응을 보이는 토끼를 잠수함의 밑 부분에 승선시켰다고 한다. 소설 『25시Vingt-cinquieme heure』의 작가 게오르규C.V. Gheorghiu는 제2차 세계대전 당시 독일군 잠수함에서 근무했는데 그가 탄 잠수함의 토끼가 호흡곤란으로 죽자 잠수함 선장이 탁한 공기에 비교적 민감하고 감수성이 강한 게오르규를 토끼 대신 그 자리에 있게 했다고 한다. 게오르규는 훗날 이런 경험을 바탕으로 쓴 예술론에서 현실의 문제점을 심각하게 인식하고 경각심을 일깨우는 작가의 사명을 "잠수함의 토끼"라고 표현했다. 아무튼 카나리아와 토끼는 모두 '한배'를 탄 것으로 우리에게 위험이 닥칠 것을 미리 알려준다.

카나리아Serinus canaria는 참새목 되새과 카나리아속에 들며 사

람 손에 길러진 지 400년이 넘는 애완용 새로 십자매, 잉꼬와 함께 3대 사육조이다. 크기와 모양, 색깔도 가지가지로 수많은 변종이 있다. 아프리카 북서부 대서양에 있는 스페인령 카나리아 제도Canary Islands가 원산지로, 지금도 그 섬에는 야생으로 8~9만 쌍의 카나리아가 서식한다고 한다. 영어 이름 '카나리Canary'는 이 섬의 이름에 기인하고, 우리말 '카나리아'는 앞의 학명 *canaria*를 따서 부른 것이리라. 흰색, 노란색, 주황색, 붉은색 등이 있는데, 우리가 키우는 것은 대개 하나같이 보슬보슬한 깃털에 뾰족한 부리와 새까만 눈을 지닌 무척 예쁘고 귀여운 노란색 카나리아이다. 카나리아는 크게 우는 카나리아, 모양 카나리아, 색깔 카나리아로 분류되며 이름대로 각각의 주특기가 있다.

사실 카나리아는 다루기가 힘들고 길들이기도 쉽지 않은 까다로운 새이다. 이들은 대체로 풀씨나 작은 곤충을 먹으며 사는데, 몸길이는 2.5~13.5센티미터이고 편 날개 길이는 20~23센티미터이며 몸무게는 15~20그램이다. 번식기는 3~7월이며 새끼 새가 7개월 후면 알을 낳기 시작하고 알을 품는 기간은 13~15일이며 산란 수는 4~6개로 수명은 7~15년 정도이다. 보통 싸라기, 피, 좁쌀, 들깨 같은 것을 먹으며 산란을 위해서 굴 껍데기나 갑오징어의 갑(갑오징어 뼈라 하지만 실제로는 뼈가 아니고 껍데기가 몸 안으로 들어온 짓)과 신선한 푸성귀도 자주 주는 것이 좋다. 매우 활동적인 새로, 목욕하기를 좋아하며 보통 오전에 활동하지만 비가 오는 날에는 꼼짝도 하지 않는다. 먹이에 따라 깃털 색이 달라지며 잇따라 노래하는 습성이 있다.

카나리아는 수컷과 암컷을 떼어놓지 않으면 울지 않기 때문에 울음소리를 즐기고 싶을 때는 수컷 한 마리를 따로 떼어 작은 새장에 넣어서 먼발치에 놓으면 된다. 반면 보는 것을 즐기려는 사람은 수컷과 암컷을 큰 장에 함께 넣어서 기른다. 울음(노래)은 어미를 닮는다. 울음소리가 고운 새로 기르기 위해서는 멋진 가락으로 쩌렁쩌렁 예쁜 노래를 하는 어미 밑에서 훈련을 시키는데, 노래를 배우는 중에는 선생을 바꾸는 것이 좋지 않다고 한다. 사실 뻐꾸기만 해도 상세하게 음성분석을 해보면 사는 지역에 따라 울음소리가 조금씩 다르다고 하니, 팔도 사람들이 사투리를 쓰는 것과 하나도 다르지 않다.

필자도 한동안 새를 원 없이 키웠다. 홀딱 반해 미쳤다는 표현이 더 옳을 듯하다. 키움에는 언제나 지극한 정성이 따른다는 것은 사람이나 새나 모두 같다. 놈들 치다꺼리하느라 힘들 때도 있지만 주인을 알아보고는 눈길을 주거나 몸짓을 하면 마음이 끌리더라. 카나리아는 새 중에서도 생물 실험에 많이 쓰이는 대표 새이다. 일례로 중력이 0인 우주선에 카나리아를 넣으면 먹이를 먹지 못해 죽게 되는데, 이 실험을 통해 새가 먹이를 삼키기 위해서는 중력이 필요함을 증명하기도 했다.

한편, 즐겨 기르는 애완조 중에서 가장 흔하고 키우기 쉬운 것이 십자매이다. 십자매는 참새만 하며 여러 마리를 한 새장에 넣어도 깝신거리며 탈 없이 어우렁더우렁 잘 지낸다. 성격이 까다롭지 않고 건강한 사육조로, 새끼치기를 아주 잘해서 부화에 서툴고 숫제 거들떠보지도 않는 야마리 까진 금화조錦花鳥나 호금조胡錦鳥 따위의 알을 품기는 대리모로 쓴다. 뱁새(붉은머리오목눈이)에게 알을 맡기는 뻐꾸기와 같은 관계라 하겠다. 십자매나 뱁새 어미들은 제 새끼가 아닌 것도 모르고 죽기 살기로 먹여 기르는 가모假母들이다! 괴이한 진화를 한 걸물傑物들이라 해놓자.

되는 집에는
가지나무에 수박이 열린다

　수박은 속살이 더 달다! "수박 겉핥기"란 맛있는 수박을 먹는다는 것이 딱딱한 겉만 핥고 있다는 뜻으로, 사물의 속은 모르고 겉만 건드리는 일을 빗대 이르는 말이다. "수박은 속을 봐야 알고 사람은 지내봐야 안다." 다시 말해, 수박은 쪼개서 속을 보아야 잘 익었는지 설익었는지 알 수 있고, 사람은 함께 지내보아야 속마음이 어떠한지 알 수 있다. 사람 맘은 노름이나 여행을 같이 해보면 속속들이 드러난다지? 맞는 말이다. 열 길 물속은 알아도 한 길 사람 속은 모른다고 했다.

　수박*Citrullus vulgaris*은 박과의 덩굴식물로 한해살이풀이며, 아프리카 원산으로 서과西瓜, 수과水瓜라고도 한다. 암수한그루이면서 암꽃과 수꽃이 따로 피는 단성화單性花이고, 줄기는 길게 7미터까지 땅 위를 기며 여러 가지로 갈라진다. 잎은 심장 꼴이며 꽃은 5~6월에 연한 노란색으로 피고, 암꽃은 갈래꽃잎이 다섯 개이며 씨방이 앙증맞게 그 아래에 올라 앉아 있다. 종자는 흑갈색으로 난형卵形이며 수박 한 통에 많게는 500개가 넘게 들어 있다. 원래 수박은 씨를 먹기 위해 심었다고 하지만 요새는 과육을 먹는 탓에 품종 개량을 통해 우수한 품종이 많아졌고 씨 없는 수박도 생겨났다.

'씨 없는 수박'은 우리나라 초대 육종학자 우장춘禹長春 박사가 만들었다고 한다. 하지만 이는 일본에서 1943년경에 이미 만든 것을 우 박사가 광복 후 귀국하여 재배한 것이다. 생물학적으로 씨가 없는 열매는 '불구 수박'인 셈이다. 그러면 씨 없는 수박은 어떻게 만들까? 정상의 2배체(2n=22)의 씨앗이 싹을 틔울 무렵 떡잎에 0.1~0.8퍼센트의 콜히친colchicine 용액을 묻혀 4배체(4n=44) 씨앗을 얻고, 이것을 심어 나온 암꽃에 보통 수박(2n=22)의 꽃가루를 묻혀 3배체(3n=33)를 얻은 다음 3n의 씨를 심으면 종자가 생기지 않는 수박이 달린다. 콜히친은 백합과百合科 식물인 콜키쿰Colchicum autumnale의 씨앗이나 구근에 포함된 알칼로이드 성분으로 세포분열 시 염색체 분열을 억제한다. 최근에는 X선 처리를 하여 씨 없는 수박을 생산한다고 하니, 수꽃에 X선을 90분간 쬐어 불임인 돌연변이 꽃가루를 만든 후 암꽃에 가루받이하여 만든다.

일반 수박은 종자가 모든 영양분을 섭취하고 남은 것이 과육에 축적되지만, 씨 없는 수박은 씨가 영양분을 흡수하지 않고 과육으로만 양분이 축적되므로 맛과 당도가 높다. 그래서 옛날에는 덧두리(웃돈)를 주고 사 먹을 정도로 인기가 많았지만 요새는 성장 기간이 오래 걸리고(싹을 틔울 때는 일반 수박보다 3~4도, 성장할 때는 2~5도 더 높아야 한다), 열매 모양이 비뚜름해지기 쉬워 거의 재배하지 않는다. 그렇다면 씨 없는 수박은 유전자 변형식품일까? 유전자 변형식품은 서로 다른 종의 유전자를 결합해 만들기에 유전적으로 새로운 생물이 된다. 하지만 씨 없는 수박은 염색체 수만 많은 것이므로 결코 유전자 변형식품이 아니다.

수박은 씨만 심으면 우리가 아는 수박 크기의 절반으로도 키우기가 힘이 든다. 그래서 수박씨를 뿌려 어린 모를 박이나 호박 모종에 접붙이기 하는데 이는 수박보다 박이나 호박의 뿌리가 튼튼하여 물과 양분을 더 많이 잘 빨아들일 수 있기 때문이다. 호박과 오이는 물론 여름 참외와 수박은 과일이 아니라 열매채소라는 것을 알아두도록 하자.

수박에는 라이코펜lycopene이 많이 들어 있는데 이는 수박의 불그스레한 색소를 이르는 것으로, 잘 익은 토마토나 감과 마찬가지로 일종의 카로티노이드 색소이며 이뇨를 촉진시킨다.

그래서 수박은 신장병이나 고혈압으로 생기는 부기를 가시게 하며, 수박씨 또한 같은 효과가 있어서 씻은 듯 부신 듯 낫게 한다. 수박은 화채로도 먹고 수박이 귀한 옛날에는 수박 쪽을 무쩍무쩍 갉아먹은 다음 속껍질을 나물로 무쳐 먹기도 했다.

선생님이 학생들의 머리를 구부린 손가락으로 똑똑 두드리시고는 "야, 수박이 익었구나?" 하신다. 수박은 손가락으로 톡톡 두드려 경쾌한 소리가 나면 제대로 익은 것이요 둔탁하면 설익은 것이다. 또 잘 익은 수박은 밖에서 조금만 힘주어 칼질하면 쩍! 소리 내면서 갈라진다!

수박은 모래흙에서 더 잘 자란다. '원두園頭'란 밭에서 심어 기르는 오이, 참외, 수박, 호박 따위를 통틀어 이르는 말이며, '원두한이'는 원두막에서 참외나 수박 따위를 파는 사람을 이른다. "원두한이 사촌을 모른다"는 속담은 원두한이는 워낙 깍쟁이라 사촌이 와도 절대 거저 주거나 헐하게 주지 아니한다는 뜻이다. 수박서리도 빼놓을 수 없는 어린 시절의 이야깃거리다. 오후 내내 원두막의 동정을 살피며 벼르고 있다가 그림자가 길어지는 해거름녘이면 이때다 하고 무리 가운데 한둘이 홀딱 벗고 레이저 눈빛을 하고는 벌거숭이 맨몸을 웅숭그리고 숨죽여 살금살금 밭으로 기어든다. 그맘때면 사람의 피부색이 눈에 잘 띄지 않기에 원두한이 눈을 깜빡 속일 수 있었다. 요행히 들키지 않았다. 수박 통을 물가로 퍼뜩 안고 나와 또래와 함박웃음을 지으며 질펀하게 먹은 수박 맛을 잊을 수 없구나! 그때 그 벗들이 하나둘 저승으로 떠났으니 이래저래 옛 생각에 젖어든다. 옛날이나 지금이나 어린이는 장난꾸러기, 짓궂게 저지레하지 않는 악동이 아니라면 어린이가 아니다.

"호박에 줄 긋는다고 수박 되랴"란 아무리 위장하고 치장해도 타고난 근본은 변하지 않는데도 본바탕이 못생긴 것을 자각하지 못하고 치장에 지나치게 신경 쓰는 사람을 비꼬는 말이렷다. 덕德은 외롭지 않다고 한다. 그래서 "되는 집에는 가지나무에 수박이 열린다"고 했다.

코끼리 비스킷 하나 먹으나 마나

코끼리는 장비목長鼻目 코끼리과의 포유동물로 수풀이나 사바나를 주름잡고 살며 몸집이 육중하기 짝이 없다. 무게가 무려 7000킬로그램이나 되어 육지동물 중 가장 크고, 지능은 유인원이나 돌고래와 당당히 맞먹어 피붙이가 죽으면 슬퍼할 줄도 안다. "코끼리 아저씨는 코가 손"이라 코로 모든 일을 하니 마치 사람의 손처럼 자유자재로 움직인다.

초식동물의 본바탕이 그렇듯이 코끼리도 덩치에 걸맞게 매일 300킬로그램 남짓의 풀과 나뭇가지, 뿌리와 열매를 먹고 100리터가량의 물을 마시기 때문에 하루 온종일 쉴 새 없이 먹는 데 시간을 보낸다. 먹은 만큼 싸지르니 똥 속의 풀씨들이 여기저기 퍼지기도 한다. 암튼 그 큰 덩치에 비스킷 한 조각을 줬으니, "코끼리 비스킷"이란 말이 있을 만도 하지. 코끼리 비스킷은 매우 적은 것을 비유적으로 이르는 말로, "코끼리 비스킷 하나 먹으나 마나"라고도 한다. 또 "소경이 코끼리 배 만진 격"이라거나 "장님 코끼리 만지는 격" "장님 코끼리 말하듯"이란 일부분을 알면서도 전체를 아는 것처럼 여기는 어리석음을 이르는 말이렷다. 그러니 코를 만진 소경은 "코끼리는 길더라" 하고 귀를 만진 소경은 "아주 넓더라" 하는 것은 당연하다.

코끼리는 두개골이 거대하고 목은 짧으며, 네 다리는 굵고 발은 둥글넓적한 것이 편평하며 육질로 된 발뒤꿈치로 체중을 싣는다. 코끼리뼈는 사람 뼈(206개)보다 많은 326~351개이고, 체온은 사람과 비슷한 35.9도이며, 이빨이 26개 있다. 살갗은 매우 거칠고 두께는 2.5센티미터로 매우 깊은데 사람 피부가 코끼리 피부처럼 두꺼워지고 거칠어지는 수가 있으니 이를 상피증象皮症이라고 한다. 하마처럼 몸에 진흙을 뒤집어쓰고 발라 자외선을 차단하고, 앞뒤로는 움직이지만 재빠르게 뛰거나 달리지는 못한다.

가뭄에는 고개를 주억거리며 코와 엄니tusk로 강바닥을 파거나 물을 찾아 먼 거리를 이동하는데, 이런 때는 가장 나이 많은 암컷 대장이 지도자로 나선다. 어미는 새끼들과 오순도순 가족 생활을 하며 연관 있는 다른 가족들과 함께 7~15마리 정도가 무리를 짓기도 한다. 원숭이가 그렇듯이 코끼리 수컷도 한창 나이가 되면 무리에서 쫓겨나 홀로 또는 다른 수컷들과 떼 지어 사는데, 뚱딴지같이 왜 오갈 데 없는 서울 탑골공원의 고비늙은 가련한 노인들이 떠오르는 것일까. 동물이나 사람이나 손톱 끝만큼도 다르지 않으매……

코끼리 수컷은 암컷 발정기에만 무리에 잠깐 끼어들어서 약 45초간 짝짓기를 하고는 밀려난다. 임신 기간은 21∼22개월이며 한 번에 한 마리를 낳는데 가끔 쌍둥이가 생기기도 한다. 수명은 자연에서 60∼70년이고 동물원에서는 좀 더 오래 산다. 갓 낳은 코끼리 새끼는 체장이 85센티미터이고 체중은 물경 120킬로그램이나 되며, 태어나서 약 3년간은 어미의 극진한 보호를 받지만 종종 사자나 호랑이, 하이에나의 공격을 받기도 한다.

코끼리의 가장 큰 특징은 윗입술과 콧등이 하나로 붙어 원기둥 모양으로 길어진 긴 코인데(태아 때는 둘이 서로 분리된다) 뼈가 없으며 지방도 아주 적다. 돼지 코도 코끼리만큼 길어지지 않았을 뿐 다르지 않다. 아무튼 긴 코로 숨 쉬고 냄새 맡고 만지고 잡으며, 우레와 같은 소리도 지르고 먹이를 먹거나 싸움을 하기 위해 코를 꼬거나 감기도 한다. 코로 8.5리터의 물을 담을 수 있고 350킬로그램을 벌떡 들 수도 있다. 물이나 소금은 물론이고 나무 뿌리를 캐고 원목을 옮기거나 길을 치우는 일도

하며, 물을 빨아들였다 몸에 뿌려 더위를 식히고 공격이나 방어에도 쓰는 다목적 기관이다. 순치하기 아주 쉬운 열 살에서 스무 살짜리 야생 코끼리를 포획하여 노역에 쓰기도 하는데, 코끼리가 기억력이 좋고 온순하여 쉽게 길들일 수 있기 때문이다. 그래서 동물원이나 서커스에서 단골로 등장하고, 옛날에는 전쟁이 났다 하면 코끼리가 제일 앞장서 탱크 역할을 했다.

지금은 여행지에서 여행객들을 등에 태우고 아양까지 부린다.

코끼리의 앞어금니와 뒤어금니는 매우 크고 발달했으나 송곳니는 퇴화했다. 위턱의 두 번째 앞니 한 쌍이 엄니인 상아로 바뀌었는데, 종에 따라 반드럽고 쪽 곧은 것, 우긋한 것, 뒤꼬인 것도 있으며 평생 자란다. 수놈의 상아는 2.4미터나 되지만 암놈 상아는 짧아 거의 입 밖으로 나오지 않으며 그것으로 물건을 옮기거나 땅을 파며 때때로 싸움 무기로도 쓴다.

코끼리의 귀는 곡식 따위를 까불러 쭉정이나 티끌을 골라내는 키를 닮았는데, 크기가 무척 크고 귓바퀴에 수많은 모세혈관이 분포하여 열을 발산할뿐더러 부채처럼 바람을 일으켜 체온을 떨어뜨려준다. 이것이 더운 지역에 사는 아프리카코끼리의 귀가 아시아코끼리의 귀보다 큰 까닭이다. 화가 나면 옆으로 귀를 바짝 펴서 몸집을 더 크게 과시하기도 하고, 귀가 아주 예민하여 10킬로미터나 되는 먼 거리의 친구들과 초음파나 지진파로 의사소통을 하기도 한다.

현존하는 코끼리는 크게 아프리카코끼리와 아시아코끼리로 나뉜다. 아프리카코끼리*Loxodonta africana*는 사하라 사막 이남에 사는데, 수놈은 키가 4미터에 최대 몸길이가 7.5미터이고 몸무게는 7톤이며 등이 우묵하다. 살갗이 주름지고 갈비뼈가 21쌍이며, 코끝에 먹이를 집어 입으로 옮겨주는 두 개의 손가락 같은 도드라진 돌기가 있다. 앞발은 발톱이 네 개이고 뒷발은 세 개이며, 성질은 아시아코끼리보다 우락부락하다.

반면 아시아코끼리Elephas maximus는 인도, 동남아시아, 중국 등지에 살며, 수놈은 몸높이가 3미터 내외에 최대 몸길이는 6.4미터이며 몸무게가 5.4톤이다. 등짝이 아치형으로 굽었고 앞발은 발톱이 다섯이고 뒷발은 넷이며 피부는 매끈한 편이다. 갈비뼈가 19~20쌍에 코끝 돌기가 하나이며 아프리카코끼리보다 대체로 온순하고 체모가 많다.

이렇게 두 동물을 비교하면 여러 가지로 다르다. 학명을 살펴보아도 속명이 Loxodonta와 Elephas로 다르니, 겉은 비슷하지만 각인된 유전인자나 몸바탕이 서로 달라 교잡불가한 별종임을 알겠다. 이들과 비슷한 종으로, 이미 멸종된 털이 부숭부숭 많이 나서 유모상有毛象이라 부르는 매머드mammoth와 마스토돈mastodon이 있는데 학계에서는 이들을 복원하려고 노력하고 있다.

상아는 공예품, 인장, 피아노 건반 등의 소재로 동서양을 막론하고 유구한 세월 동안 귀하게 여겨왔다. 곰은 웅담, 코끼리는 상아, 코뿔소는 코 탓에 죽어난다. 안타깝게도 코끼리 역시 밀렵꾼들 탓에 '멸종 위기 종'이 되었다고 한다. 이래저래 살아남아나는 게 없구나!

부아 돋는 날 의붓아비 온다

　허파는 다른 말로 부아, 폐肺, 폐부肺腑, 폐장肺臟이라 부른
다. 영어로는 '렁lung'인데 '렁' 하면 왠지 속이 텅 빈 느낌이 들
지 않는가. 실제로 해면조직으로 되어 있어서 갯솜sponge처럼
뻐끔뻐끔 틈이 많기도 하다.

　허파를 뜻하는 부아란 보통 노엽거나 분한 마음을 일컬으니
"치밀어 오르는 부아를 꾹 참았다"거나 "부아를 돋운다" 등으
로 쓴다. 허파의 다른 말이 부아라 하니 속담이나 관용어에 쓰
이는 부아를 허파로 대신하여 생각하면 뜻이 쉽게 풀이된다.
분한 마음이 몹시 강하게 일 때 "부아가 뒤집힌다" "부아가 상
투 끝까지 치밀어 오른다"라고 하고, "부아 돋는 날 의붓아비
온다"란 가뜩이나 화가 나서 참지 못하는데 미운 사람이 찾아

와 더욱 화를 돋우거나 한창 곤란한 일을 겪는데 반갑잖은 일이 겹치는 경우를 비유적으로 이르는 말이다. "허파에 바람 들다"란 마음의 평정을 잃고 실없이 행동하거나 까닭 없이 지나치게 웃는 것을 핀잔하는 말이고, "허파에 쉬슨 놈"은 생각이 없고 주견이 서지 못한 사람을 비꼬는 말이다. "허파줄이 끊어졌나"는 시시덕거리기를 잘하는 사람을 비꼬는 말인데 여기서도 허파 대신 부아를 넣어도 말이 통한다.

허파 호흡은 사지동물(양서류, 파충류, 조류, 포유류)이 하지만 일부 폐어류와 얼마 안 되는 달팽이도 한다. 오늘날 육지에 사는 척추동물의 허파와 물고기의 부레는 초기 경골어류의 식도 일부가 진화한 것으로 안다. 결국 허파와 부레는 진화상으로 형태나 기능은 다르지만 발생근원은 같은 상동相同 관계이다. 사람의 허파는 심장 양편을 둘러싸고 있으며 바깥에서 산소를 끌어들이고 밖으로 이산화탄소를 내보내는 일을 한다. 코로 든 공기는 연골성인 기관을 타고 내려가 두 가지를 친 기관지를 지나 허파꽈리에 도달할 때까지 여러 번 갈라진 기관지를 거친다.

사람의 허파는 오른쪽이 3엽이고 왼쪽은 2엽이다. 호흡은 흉강과 복강을 가로지르는 횡격막(흔히 소리 나는 대로 '횡경막'이라고 쓰는 수가 있으니 조심을!) 근육이 맡으니, 그 근육이 아래로 당기면 흉강 부피가 늘어나면서 압력이 낮아져 물리적으로 바깥 공기가 허파로 드는데 이것이 흡기吸氣이다. 반대로 근육이 위로 올라오면 부피가 줄어들면서 압력을 받아 공기가 나가니 이것이 호기呼氣이다. 이때 동시에 흉각胸廓도 오그라들거나 늘어나 호흡을 조절하니 이 호흡을 '대장간의 풀무'에 비유한다.

삼신할머니께서 가슴팍에 숨겨둔 가장 귀중한 생명과 직결된 '생명기관'이 오로지 허파요 심장이니, 둘 중 어느 하나만 멈추면 생명이 끊어지고 만다. 심장은 하나이지만 허파는 둘인데, 내장 중에 개인 기관이 둘인 것은 허파와 콩팥뿐이다. 필요 이상으로 많이 만들어졌다고 하니 그래서 한쪽을 잘라버려도 생명에 지장이 없다.

어머니 자궁의 양수 속에 있을 때 태아는 허파가 물에 푹 잠겨 있으며 움직이지 않는다. 그러나 탯줄을 자르면 어머니와 단절되고 피를 통해 전해지던 산소가 더 이상 공급되지 못한다. 이 일을 어쩌나? 탯줄을 자르는 순간 아기는 응애응애! 하고 고함을 지르니 이를 '고고지성呱呱之聲'이라 한다. 이렇게 세차게 힘주어 우는 순간, 드디어 '쪼그라진 풍선'이었던 허파가 쫙~ 펴지면서 호흡을 시작한다.

흉막胸膜으로 둘러싸인 허파는 무려 7억여 개의 허파꽈리가 빽빽하게 바투 모여 있는데, 꽈리 하나의 지름이 0.1밀리미터로 그 둘레를 모세혈관이 실타래처럼 칭칭 감고 있어 산소와 이산화탄소 교환이 0.1초 만에 일어난다. 물론 허파꽈리의 산소는 모세혈관 속으로, 모세혈관에 녹아 있는 이산화탄소는 허파꽈리로 이동한다. 이 허파꽈리들을 하나하나 쫙 펼치면 70제곱미터나 되니 겨우 2~3제곱미터인 우리 몸 표면의 근 30배에 이르는, 거의 정구장 넓이가 된다. 이렇듯 생물체를 살펴보면 어느 것이나 신통하게도 작은 부피에 표면적이 넓은 구조를 보이는데, 허파꽈리가 그렇고 소장의 상피에 난 수많은 융털도 그렇다.

허파는 숨쉬기 말고도 정맥에 생긴 작은 핏덩이나 잠수부들에게 생기는 기포를 걸러내고 심장의 양편을 둘러싸고 있어 심장이 받는 충격을 미리 흡수하니 일종의 충격 흡수장치 역할을 한다. 또한 기관을 통하는 공기가 성대 근육을 떨게 하여 소리를 내게 하고 심지어 피를 저장하는 기능도 수행하니 전체 혈량의 9퍼센트가 허파에 담겨 있다. 허파의 환경은 매우 습기가 높은 탓에 바이러스나 세균의 생존과 발생에 유리하여 걸핏하면 폐렴이나 흉막염을 일으킨다. 그러나 늘 뮤신mucin, 라이소자임lysozyme 등과 같은 항생물질이 든 점액을 분비하여 병원균의 발생을 미연에 억제·방지한다.

숨을 한껏 들이쉬면 대략 5~6리터의 공기를 허파에 담을 수 있으니 이를 폐활량이라 하는데 그 양을 폐활량계로 측정하여 간접적으로 폐의 건강을 진단할 수 있다. 물론 운동을 한 사람의 폐활량이 보통 사람보다 많고, 25세에 폐활량이 제일 크다가 점점 줄어들어서 예순 정도에 20~30퍼센트 감소하고 늙으면 늙을수록 점점 준다. 이렇게 부아도 늙는다!

나이가 들면서 야위어 우므러들고 낡고 늙어 뭉그러지지 않는 기관이 없다. 폐렴과 폐암이 주된 병이지만, 끽연하는 사람들은 폐가 검게 물들며 점점 폐포가 죽어가 숨쉬기가 가빠지고, 기관지의 섬모도 망가져 가래를 술술 뱉지 못해 바튼 기침을 한다. 담배 한 개비를 피울 때마다 11분씩 수명이 짧아지며, 흡연자는 비흡연자보다 평균수명이 7년 정도 짧다고 한다. 이토록 깨끗이 절교하지 못하고 뻐끔담배를 피우는 필자인데, 가끔은 무항심無恒心에 부아가 치민다. 단단히 입술을 사리물고 끊어보리라. 아무튼 대부분의 노인들이 부아에 고름이 생기는 폐렴으로 종명終命하니, 허파 펴고 태어나 그것 닫으면서 한살이를 마감한다.

절치부심하여도
늙음을 막을 자 없으니

절치부심切齒腐心이란 몹시 분하여 이를 갈며 속을 썩인다는 뜻으로, 어떤 일을 이루려고 마음속으로 준비를 단단히 하고 기회를 엿본다는 '벼름'과 비슷한 말이다. 섶에 눕고 쓸개를 씹으며 원수를 갚으려고 온갖 괴로움을 참고 견딤을 이르는 와신상담臥薪嘗膽과 크게 다르지 않다. 이번 주제는 '이(齒)'다.

"눈에는 눈, 이에는 이"는 해를 입은 만큼 앙갚음함을, "이가 자식보다 낫다"는 이가 자식만큼이나 귀함을, "이도 아니 나서 콩밥(황밤)을 씹는다"는 아직 준비가 안 되고 능력도 없으면서 어려운 일을 하려고 달려듦을 비유적으로 이르는 말이다. "이 아픈 날 콩밥 한다"는 곤란한 처지에서 더욱 곤란한 일을 당함을, "이 없으면 잇몸으로 살지"는 요긴한 것이 없으면 없는 대로 그럭저럭 살아나갈 수 있음을 이르는 말이다. 이처럼 치아에 관한 속담이 수두룩하다. 또한 우리가 흔히 쓰는 관용어에도 이에 관한 표현이 많은데, 몹시 화가 나거나 분을 참지 못하여 독한 마음이 생길 때 "이가 갈리다"라고 하며, 도무지 반응이 없거나 받아들여지지 않을 때 "이(금)도 안 들어간다"라 한다. 힘에 겨운 곤란이나 난관을 헤쳐 나가려고 애써 견디거나 꾹 참는 모양새를 "이를 악물다" "이를 사리물다" 등으로 쓰기도 한다.

이는 음식물을 잘게 자르거나 씹어 으깨는 물리적 소화기관인 동시에 발음을 하는 데 없어서는 안 되는 수단으로 앞니가 빠지는 날에는 소리가 새어 발음을 제대로 하지 못한다. 그래서 치음齒音이라는 것이 있지 않은가. 훈민정음에서는 'ㅅ, ㅆ, ㅈ, ㅉ, ㅊ'을 묶어 치음(닛소리)으로 분류했으며, 기본 글자인 'ㅅ'은 이의 모양을 본떠서 치음ㅅ상치형象形齒形이라고 한다. 훌륭한 세종대왕을 조상으로 둔 것은 무한한 영광이렷다.

'치아'는 척추동물에서 볼 수 있다. 어류와 포유류는 이가 잘 발달하였으나 양서류, 파충류(뱀은 독니가 있다), 조류는 이가 없는 대신 부리가 있다. 포유류 외의 것은 이빨의 크기나 모양이 비슷하니 이를 동치성同齒性이라 하고, 사람이나 포유류는 형태나 크기가 달라 이치성異齒性이라고 한다. 이치성의 종류나 수

및 배치를 식으로 나타낸 것이 치식齒式으로 동물 분류에 도움이 된다. 육식 포유동물은 이빨을 먹이를 잡거나 방어하는 무기로 쓰며, 육식동물은 송곳니가 초식동물은 어금니가 발달한다. 발생학적으로 외배엽성이며 이의 제일 밖을 구성하는 에나멜질(사기질)은 우리 몸 중 가장 야물고 나이를 먹으면 세균이나

차, 커피, 담배 등 먹는 음식에 따라 색깔이 바뀐다. 포유류는 한번 이가 빠지고 새로 나는 환치를 하며, 이때 최초에 나는 이를 젖니, 유치乳齒 또는 탈락치脫落齒라고 하고, 두 번째 나오는 이를 간니, 영구치永久齒라고 한다. 사람의 젖니는 스무 개로 상악과 하악에 각각 열 개씩 난다. 성인이 되면 총 서른두 개의 이를 갖게 되니 나머지 열두 개는 환치하지 않고, 제일 마지막에 나는 가장 안쪽의 어금니를 사랑니라 하는데 점점 퇴화하거나 전연 나지 않는 추세(진화)라고 한다. 치아의 세계가 복잡하기 그지없어 그 분야만 전공하는 치과대학이 있을 정도다.

사람이 나이를 먹으면 추억을 먹고 산다고 한다. 이런 글을 쓰다 보면 저절로 질박한 어린 시절이 어른거린다. 한없이 굶주렸던 옛날 옛적에 무슨 치과의齒科醫가 있었겠나. 젖니가 흔들거리면 거치적거려 날밤으로 신경이 그리로 가니, 자꾸 만지다 보면 이뿌리가 드러나 모로 드러눕거나 자빠지고 만다. 딴엔 겁먹어 오금이 저려오고 등골이 오싹하며 몸서리치는 일이지만 감내하는 수밖에. 엄마에게 이를 빼달라고 칭얼대며 조른다. 이가 뺄 만큼 영글었다. 실꾸리에서 실을 풀어 앞니에 걸고는 일부러 이런저런 이야기를 하시다가 주사 줄 적에 팔뚝이나 엉덩이를 탁 치듯 이마를 사정없이 한 대 갈기며 다부지게 실을 홱 잡아당겨 버리니 '앓던 이'가 매가리 없이 홀렁 빠진다.

진땀이 났다. 그러나 오랫동안 신경을 건드리고 괴롭혔던 것이 빠지니 가뜬하기 그지없다. "앓던 이 뽑은 것 같다"는 이를 두고 하는 말이다. 그래도 시원섭섭하다고나 할까. 뺀 자리가 우묵 들어간 것이 피가 나는지라 미리 사발에 떠 놓은 간장 몇 모금으로 말끔히 소독하므로 곧 아문다. 뽑은 이를 만지작거리며 지붕 앞에 엄숙히 선다. 발끝을 바싹 모아야 동생 이가 고르게 난다 하여 두 발을 가지런히 모으고 높직한 초가지붕에 그놈을 가뿐히 집어던졌지.

드디어 나는 "앞니 빠진 개오지(개호지)"가 되어 야코가 죽는다. 야마리 까진 동무들이 얄밉게 깝죽거리며 놀린다. "앞니 빠진 개오지 새미질에 가지 마라 빈대한테 뺨 맞는다"라고 말이다. 여기서 '개오지'는 범의 새끼인 '개호주'를 뜻하고, '새미질'이란 '샘 가는 길'이다. 범 새끼가 이가 빠졌으니 사냥은커녕 빈대한테도 괄시를 받는다는 뜻이다. 다른 지방에도 비슷하게, "앞니 빠진 갈가지(범 새끼) 뒷도랑에 가지 마라 붕어새끼 놀린다"거나 "앞니 빠진 중강새 닭장 곁에 가지 마라 암탉한테 채일라 수탉한테 채일라" 등의 노래가 있다. 앞니 두 개가 빠진 꼬마아이, 얼마나 앙증맞고 귀여운가!

엄마에게서 받은 젖니가 모두 빠지고 새로 난 그 단단하던 간니도 무지러져 구멍이 나고 옆구리가 터져 나이와 같이 늙는다. 우리가 장수를 누리게 된 까닭이 의학, 약학, 위생, 음식 등 여럿이 있겠지만 틀니나 이를 심는 기술이 발달한 것도 큰 몫을 했다. 이를 잘 관리할 것이다. 필자도 이미 두 눈 모두 백내장 수술을 하였고 가짜 이도 여덟 개나 새로 해 박았다. 어쩌겠나, 아무리 절치부심하여도 늙음을 막을 자 없으니 말이다.

엿장수 맘대로

"엿 먹어라"는 속된 말로 남을 은근히 골탕 먹이거나 속여 넘길 때에, "엿 같네"는 마음에 안 차거나 배알이 꼴릴 때 쓰는 말이다. "엿을 물고 개잘량에 엎드러졌나" 하면 입에 엿을 물고 개 털가죽에 엎어졌느냐는 뜻으로 털이 많이 난 사람을 놀림조로 이르는 말인데, 여기서 '개잘량'이란 털이 붙어 있는 채로 무두질하여 다룬 개가죽을 말한다. "장옷 쓰고 엿 먹기"는 겉으로는 점잖고 얌전한 체하면서 남이 보지 않는 데서는 딴 짓함을 이르는데, 여기서 '장옷'이란 예전 여자들이 나들이할 때 얼굴을 가리느라 머리에서부터 길게 내려 쓰던 옷이다. 또한 "이불 밑에 엿 묻었나" "솥뚜껑에 엿을 놓았나" "화롯가에 엿을 붙이고 왔나"란 집에 빨리 돌아가려고 몹시 서두르는 사람의 행동을 이르는 말이며, "조막손이 엿 주무르듯"이란 제대로 처리하지도 못하면서 우물쭈물하고 서투른 일솜씨를 빗댄 말이다. "곶감 죽을 먹고 엿목판에 엎드러졌다"란 잇따라 먹을 복이 쏟아짐을, "엿장수 맘대로"란 엿장수가 엿을 마음대로 늘이듯이 무슨 일을 자기 마음대로 이랬다저랬다 함을 빗댄 말이다. "기차 선로가 엿가락처럼 휘어졌다"거나 "엿가락 영업시간"이란 말도 무슨 뜻인지 알 것이다.

엿은 쌀을 주로 사용해 만들지만 찹쌀, 조, 수수, 옥수수, 감자 등 아무것이나 가능하다. 밥을 푹 퍼지게 지어 한 김 식힌 다음 엿기름을 붓고 비벼서 물에 풀고 보온밥솥에 넣는다. 8~10시간 동안 두고 밥알이 완전히 삭으면 면 보자기에 짜서 엿물을 짜내고 남은 엿밥은 버리고, 삭은 밥물을 솥에 담아 처음 4시간을 센 불에서 펄펄 끓이다가 점차 누르스름해지면서 되기 시작하면 뭉근한 불에 눌어붙지 않게끔 자주 저어 주면서 천천히 졸인다. 거품 크기가 좁쌀만 하다가 8시간 정도 지나면 동전만 해지면서 솥 전체를 덮게 된다. 이때가 엿이 거의 다 된 상태이고, 조청으로 쓰려면 이보다 1시간가량 덜 달이면 된다. 조청이란 엿을 고는 과정에서 얻는 묽은 엿으로, 반찬이나 한과를 만들 때 쓰고 농축 정도에 따라 물엿이나 갱엿이 된다. 유동성이 있는 물엿은 각종 음식이나 약과를 만드는 데 쓰이고,

단단한 갱엿은 그대로 먹거나 녹여서 사용한다. 그런데 갱엿을 녹인 다음에 잡아 늘이기를 되풀이하면 엿 안에 공기가 들어가 구멍이 생기면서 빛깔이 희어지고 쉽게 부서져 먹기 좋게 된다.

헌데 엿기름이 있어야 엿이나 식혜를 만들지. 엿기름은 먼저 겉보리를 하루 동안 물에 담가 잘 불린 후 소쿠리에 건져 시루에 쟁여 안치고 광목 보자기를 축여서 덮는다. 이렇게 엿새가 되는 날이면 보리알 길이보다 좀 짧은 싹이 나는데, 이때 바람이 잘 통하는 곳에서 말린 후 가루를 낸 것이 엿기름 가루이다. 늦가을에 기른 보리가 질이 좋다. 그런데 보리가 싹을 틔우려면 보리 자체의 다당류인 녹말을 2당류인 맥아당으로 분해하여 양분으로 쓰니, 사람 침의 프티알린에 든 아밀라아제와 같은 성질인 말타아제maltase라는 효소가 작용한다. 따라서 보리 싹(맥아)에는 2당류인 말토오스maltose가 들어 있을뿐더러 말타아제 효소도 그득하다. 그래서 엿기름을 넣으면 맥아 효소가 밥쌀의 녹말을 분해하여 맥아당으로 단맛을 낸다. 맥아를 우리 시골에서는 질검, 혹은 엿질검이라 한다.

엿은 설에 차리는 음식인 세찬을 만드는 데 반드시 필요했다. 사용하는 원료에 따라 찹쌀엿, 멥쌀엿 등으로 나뉘고, 강원도 평창의 옥수엿, 울릉도 호박엿, 개성 밤엿 등이 유명하다. 요새는 쌀 대신 값싼 옥수수나 고구마로 얻은 전분을 사용하고, 엿기름 대신 미생물에서 얻은 당화효소로 엿을 만든다.

식혜는 우리나라 전통 음료의 하나로 엿기름을 우린 물에 쌀밥을 말아 전기밥솥에 삭히면(옛날엔 독에 넣어 더운 방에서 삭혔다) 밥풀떼기가 뜨는데 거기에 설탕을 넣어 끓여 차게 식혀 먹는다. 민

기지 않을지 모르지만 필자가 자랄 때만도 설탕은 약으로 쓰였던지라 당시에 엿은 유일한 감미식품이었다.

별안간 골목에서 들려오는 짤깍짤깍 쩔레쩔레 엿장수 가위 소리 또한 흥겨운 소리가 아닐 수 없었다. 누가 먼저랄 것 없이 그 소리에 조무래기들이 구름처럼 몰려나갔지. "엿장수 놋쇠 사러 다니듯"이란 말처럼 엿장수는 이리저리 쏘다니며 귀하고 달콤한 엿을 팔았다. 엿장수는 한곳에 앉아 파는 좌상과 엿목판을 목에 걸고 이 마을 저 마을로 휘젓고 다니며 파는 행상이 있다. 좌상은 넓적하고 얄팍하게 만든 엿판대기를 엿 고리에 담아놓고 주문에 따라 끝을 칼날처럼 벼른 쇳조각에 대고 큰 엿가위로 툭 쳐서 떼어 판다. 이때 엿의 양을 엿장수가 일정한 기준이나 원칙 없이 자기 하고 싶은 대로 하기에 "엿장수 마음대로"라는 말이 생겨났다.

엿장수와 손님 또는 손님들끼리 했던 엿치기는, 엿판 둘레에 수굿이 고개들 숙이고 둘러서서 가래엿 가운데를 단숨에 훅 불면서 뚝 꺾어 구멍이 큰 쪽이 이기는 놀이로, 진 사람이 엿 값을 내는 것이 관례이다. 이들은 현금뿐만 아니라 종이, 쇠, 빈병 따위의 고물을 받고 엿과 바꿔주었다. 우리 또래는 맛배기라도 좀 얻어먹으려고 엿장수 뒤를 쫄쫄 따라다녔다.

엿에 든 2당류인 말토오스 1분자는 포도당 2분자로 분해되어 세포에 흡수, 곧장 열과 에너지를 낸다. 그 때문에 엿의 포도당은 뇌기능을 빠르게 활성화하여(뇌의 에너지 대사의 70퍼센트는 포도당이 차지한다) 피로회복은 물론이요 학생들의 성적도 올린다. 그래서 시험 때 부모나 친구가 선물하는 합격 엿이란 과학적 근거가 있을뿐더러 잘 달라붙는다는 상징성도 있어 시험장 교문에는 늘 엿이 즐비하게 붙었다. 이런 뇌세포에 좋은 엿을 놓고, "엿 먹어라" "엿 같네" 같이 불경스럽게 비아냥거리니 그 까닭을 알다가도 모르겠다.

개떡 같은 놈의 세상

보리*Hordeum sativum*는 외떡잎 벼과식물로 한자어로 대맥大麥이라 부른다. 전 세계에 30여 종이 분포하는데 원산지는 터키와 이라크이며 염색체가 14개로 가장 오래된 작물 중 하나이다. 보리의 줄기는 속이 빈 것이 둥그스름하고 키가 1미터 넘게 곧추서는데, 벼, 밀, 옥수수를 포함하는 벼과식물이 그렇듯이 암술 하나에 수술 셋이 한 꽃에 든 양성화로 오로지 제꽃가루받이를 한다. 꿀벌이 턱없이 많이 죽어서 과수원에서 수분이 어려울 지경이라 하니 만일 벼과식물이 제꽃가루받이를 하지 않고 꿀벌에 의존했다면 지구인 모두가 굶어죽을 뻔했다. 살기 마련이라 하더니만 천만다행이로다.

여기서는 보리 속겨로 만드는 개떡과 개떡장(겨장)의 정체를 소상히 밝혀볼 참이다. 옛날에는 집집마다 맷돌과 절구가 필수품이었고 밥깨나 먹는 집에는 디딜방아가 있었다. 내가 어릴 적만 해도 물레방앗간은 십 리나 멀리 있었고, 거기서 곡식을 찧으면 품삯을 줘야 하기에 디딜방아를 썼다. 디딜방아는 큰 나무를 통째로 잘라 만들었는데, 방앗공이가 있는 반대쪽이 가위다리처럼 벌어져서 두 사람이 서서 찧는 양다리방아와 벌어지지 않고 한 사람이 찧는 외다리방아가 있었는데 주로 전자가 많았다. 둘 다 발디딤 자리를 편편하게 깎았다.

　속담에 "외손자를 귀애貴愛하느니 방앗공이를 귀애하지"란 말이 있는데, 이는 외손자는 아무리 귀여워하고 공을 들여도 귀여워한 보람이 없다는 말이다. 또한 "절굿공이가 순경巡更 돌면 집안이 망한다"란 말도 있는데, 결혼한 여자가 집안 살림은 아니하고 사뭇 쏘다니기만 하면 그 집안 꼴이 안 된다는 말이다.

　필자의 고향인 경남 산청 지방에서는 돌이나 나무로 만든 절구통을 '도구통'이라 하고, 들었다 났다 하면서 쿵쿵 찧거나 빻는 절굿공이를 '도구대'라 하는데, 곡식, 고추, 떡 등 찧을 것이 적을 때 주로 쓴다. 양이 많으면 디딜방아를 쓰니 디딜방앗간의 방아확으로는 작은 돌절구를 묻고 공이로는 보통 나무를 쓰지만 끝에다 겉을 우툴두툴하게 만든 쇠공이를 끼우기도 한다. 가위다리를 끙끙 힘 줘 밟아 쿵쿵 방아 찧는 소리가 귀에

맴도는 듯하구나. 방아깨비를 잡아 뒷다리를 잡고 있으면 멋지게 끄덕끄덕 몸을 놀려 방아를 찧지 않던가. 그냥 체중을 실어 디디고 밟는 것이 아니라 천장에 굵은 새끼를 늘어뜨려 그놈을 힘껏 잡아당기면서 다리에 힘을 준다. 이렇게 먹는 것이나 입는 것 모두를 고스란히 자급자족해야 했다. 먹는 건 형편없는데 눈만 뜨면 죽기 살기로 하루하루 고된 일을 해야 했던 옛날 분들이 한없이 불쌍하다. 요샌 먹을 것이 넘쳐나는데 말이지……. 단명했던 까닭은 비단 이것뿐만이 아니지만 말이다.

"개떡 같은 자식"이라거나 "개떡 같은 세상"이란 말이 있다. '개떡'이란 노깨, 나깨, 보릿겨 따위를 반죽하여 아무렇게나 반대기지어 찐 떡을 이르는데, 못생기거나 나쁘거나 마음에 들지 않는 것을 비유적으로 이르기도 한다. "개떡같이 말해도 찰떡같이 알아듣는다"고 하던가.

타작한 보리를 방아절구에 넣고, 축축하게 물기가 돌아야 보리껍질이 잘 벗겨지기에 물을 좀 끼얹고 찧는다. 방앗공이를 세차게 내리치면 보리알이 밖으로 튕겨 나가니 옆에 앉아서 얼른얼른 맞장구치며 빗자루로 쓸어넣기를 되풀이해야 하기에(마땅히 힘 빠진 늙수그레한 몸집 작은 집안 노인이 맡았다), 디딜방아 찧는 데는 최소한 세 사람의 손발이 있어야 한다. 매 찧어 곱게 쓿어졌다 싶으면 확에서 파고 긁어내어 꺼들꺼들 말려 체로 쳐서 보들보들한 속겨를 얻는다.

속겨로만 개떡을 만들기도 하지만 보리 싸래기(부스러기)를 맷돌에 갈아 삶아서 겨와 함께 이기고 반죽하여 수제비 뜨듯 납작납작 반대기 지어 밥에 찌니 그것이 깨떡이다. '개' 자는 딱딱하고 시어빠진 개살구처럼 맛이 없거나 툽툽하게 볼품이 없을 때 쓰는 말이 아닌가. 춘궁기에 보리 개떡으로 하루 끼니를 때우기도 했는데 꺼칠꺼칠하고 텁텁한 것이 아무 맛도 없고 헛배만 불러 보리방귀만 뿡뿡 뀌었지만 그것도 못 얻어먹어 허덕허덕했으니……. 흉보지 말라, 우린 그때 그랬다. 필자 또한 그리도 못 먹었는데 죽지 않고 버텨내 여태 살아 있는 것을 생각하면 용하고 신통하다.

"개떡같이 주무르다"란 제 마음대로 함부로 다룸을, "쥐었다 놓은 개떡 같다"는 얼굴이 매우 못생겼음을, "먹다가 보니 개떡"이란 멋도 모르고 그저 좋아하다가 알고 보니 의외로 하찮은 것이어서 실망함을, "천생연분에 보리 개떡"이란 아무리 천한 사람도 다 제짝이 있어 비록 보리 개떡을 먹을망정 의좋게 사는 것을 이르는 말이다.

다음은 요새 사람들은 거들떠보지도 않을 된장의 일종인 보리 개떡장 이야기다. 글을 쓰기도 전에 입안에 군침이 한가득 도는 것은 분명 자주 먹어본 탓이렷다. 보리등겨를 되게 반죽하여 동그랗게 가운데 구멍이 난 도넛개떡을 만든다. 이것을 보리왕겨불이나 소죽을 끓이고 남은 잿불 같은 여린 불에 은근히 올려놓아 노릇하게 구워 메주처럼 짚이나 새끼줄로 주렁주렁 처마 밑에 매달아 노란빛이 돌 때까지 둔다.

메주를 짚으로 매다는 것은 짚에는 마른 풀에 묻어 있는 고초균枯草菌이 많아 이것이 등겨 발효를 시키기 때문인데 놀랍게도 조상들은 이런 과학적 사실을 이미 경험으로 잘 알고 있었다! 곰삭은 도넛개떡을 맷돌에 갈아 가루로 만들어 버무린 뒤 항아리에 담아 서늘한 곳에서 오래 삭힌다. 이때 보리밥과 소금, 잘게 썬 무와 고춧가루, 사카린 따위를 넣기도 한다. 발효 결과 유기산과 아미노산, 젖산이 생기며, 유별나게 경상도 지방에서 많이 먹으니 내 고향 산청의 보리 개떡장은 유명하여 산청휴게소에서만 '산청 보리 개떡장'을 팔더라. 이것은 가을에 담가 겨울 별미 밑반찬으로 먹는데 노르스름하고 달큼하며 감칠맛이 난다. 따끈한 맨밥에 비벼 먹으면 침이 듬뿍 나와 씹기도 전에 목구멍으로 직행인데, 호박잎이나 콩잎 쌈을 먹을 때 쌈장으로 먹기도 하니 밥도둑이 따로 없다. 암튼 조상들은 유산균이 뭔지도 알지 못했지만 그것을 김칫국이나 김치, 고추장, 개떡장으로 만들어 먹고 계셨다! 그래서 요구르트를 따로 먹지 않아도 장만 튼튼하였지.

그 정도면 약과일세!

약과藥果란 그만한 것이 다행이라거나 그 정도는 아무것도 아님을 이르는 말로, "그 정도는 약과인 줄 알게"나 "직장 일이 힘들어도 약과로 여기고" 등으로 쓰인다. 유밀과油蜜果의 하나로 '약이 되는 과자'라는 뜻인데 정월에 많이 만들어 먹었으며 명절, 잔치, 제사 때의 필수 음식이었다. 또한 '과줄'이라고도 하여 처음에는 여러 가지 과일이나 새 모양으로 만들었으나 훗날 음식을 차곡차곡 고이는 풍습이 생겨나면서 넓적하게 만들게 되었다고 한다. 약과는 밀가루에 참기름, 꿀, 술, 생강즙 등을 넣고 반죽하여 기름에 튀겨낸 후 꿀을 발라 계핏가루를 뿌려 그릇에 재워두는 즙청을 하는데, 맛깔스러운 것이 달콤하고 고소하며 부드러워 입안에 넣으면 절로 사르르 녹는다. 유밀과는 귀하고 사치스러운 기호식품으로 왕족과 양반 집안에서 많이 만들어 먹었고 민초들은 감히 생각도 못하였다고 한다.

약과 만드는 법은 꽤 까다롭다. 처음에 참기름을 너 홉 정도 넣고 고루 섞어 굵은 체로 비벼 친 후 알맞게 반죽하여 홍두깨로 민다. 흩어지지 않을 만하면 두껍고 넓은 나무판에 쏟아놓고 단단하게 밀어 베어 지진다. 튀겨낸 약과를 즙청할 조청에는 계피, 후추, 생강을 듬뿍 넣는다.

약과에 얽힌 속담이 많다. "약과 먹기라"는 하기에 쉽고도 즐거운 일을 말한다. "약과는 누가 먼저 먹을는지"란 제상에 오를 약과를 누가 먼저 먹겠느냐는 뜻으로 누가 먼저 죽게 될지는 알 수 없음을 이르는 말이며 "꿀보다 약과가 달다"는 약과는 꿀을 넣어서 만드는 것이기 때문에 꿀보다 달 수 없는데 그렇다 하니 앞뒤가 바뀌어 사리에 어긋남을 이르는 말이다. "개 약과 먹듯"이란 참맛도 모르면서 건성건성 바삐 먹어 치우는 모양새를, "꿀은 적어도 약과만 달면 쓴다"란 힘이나 재료가 적게 들어가도 결과만 좋으면 됨을 비유적으로 이르는 말이다.

앞에서 약과는 밀가루로 만든다고 했다. 약과를 만든 역사가 아주 오래되었으니 밀이라는 식물을 재배한 지도 긴긴 세월이 흘렀음을 알 수 있다. 밀_Triticum aestivum_은 소맥小麥이라고도 부르며, 재배식물로는 아주 오래된 작물 중 하나이다. 석기시대에 이미 유럽과 중국에서 널리 재배하였고, 한국의 밀 재배도 선사시대에 벌써 시작한 것으로 짐작한다.

밀은 염색체가 42개이지만 품종에 따라 다 다르다. 보리처럼 매끈한 줄기가 빳빳하게 곧추서 키가 1미터에 달하며 줄기에는 길쯤길쯤한 마디가 20개 안팎 있다. 수상꽃차례라고 하는 밀의 이삭은 원줄기와 곁가지 줄기의 맨 위에 달린다. 이삭 줄기의 마디마다 작은 이삭인 꽃이 달리고, 수정 후에 이 작은 이삭들은 겉겨로 둘러싸인 낟알이 된다. 이삭에는 대개 낟알이 30~50개 맺히며 매끈매끈한 낟알의 크기는 보통 3~9밀리미터 정도이다.

밀의 주성분은 녹말이지만 차진 글루텐 단백질이 10~15퍼센트 함유되어 쌀이나 보리보다 풍부하다. 빵을 주식으로 하는 서양 사람들의 몸집이 단백질이 7퍼센트 정도 되는 쌀을 먹는 우리보다 큰 것이 혹시나 밀에 단백질이 많이 든 탓이 아닐까 하는 해괴한 생각을 해본 적이 있다. 밀과 쌀, 옥수수는 세계 3대 식량작물로 식용으로만 치면 쌀 다음이 밀이다.

가끔 수제비 생각이 날 때가 있다. 밀가루 음식이 입에 익게 된 것도 다 내력이 있다. 어릴 적에는 우리밀로 밀가루를 빻아 수제비를 해 먹었지만 육이오 전쟁 후에는 못 먹고 못살 적이라 값이 싼 맥분麥粉을 들여와 먹었으니 오죽하면 밀가루 먹기

운동을 벌였겠는가. 쌀이 모자라 너 나 할 것 없이 하마터면 굶어죽을 판이라 별로 입에 당기지도 않는 밀가루를 억지로 먹다 보니 그만 입에 인이 박혀 자주 먹게 되었고 그래서 지금도 수제비가 먹고 싶을 때가 더러 있다. 이제 쌀이 남아도는 세상이 되었지만 밀가루에 입맛을 빼앗겼으니, 그 대표 음식이 갖은 양념을 섞은 쉽게 요리할 수 있는 라면이다. 어른 애 할 것 없이 꼬불꼬불한 면을 죽 펴면 50미터나 되는 라면에 홀딱 반하고 말았으니 주식主食이 쌀인지 밀가루인지 모르게 되었다. 물론 쌀라면도 있지만 말이지.

속담에 "수제비 뜨다"란 말이 있다. 끓는 장국이나 미역국에 넣기 위해 반죽한 밀가루를 조금씩 떼거나 둥글고 얄팍한 밀돌을 물 위로 담방담방 튀도록 던지는 것을 이르는데, 먹는 수제비와 던지는 돌 모두 납작하고 얇은 것이 서로 빼닮았다. "수제비 잘하는 사람이 국수도 잘한다"고 어떤 한 가지 일에 능숙한 사람은 그와 비슷한 다른 일도 잘한다.

밀밭에만 가도 술에 취한다는 사람이 있다. 밀의 용도에서 뺄 수 없는 것이 바로 술을 빚는 누룩 짓기다. 누룩을 '곡자麯子'라고도 하는데, 통밀을 거칠게 갈거나 밀기울에 물을 축축하게 뿌려 헝겊 깐 그릇에 넣고 천을 덮어 발로 단단히 밟아 디딘다. 이때 쑥을 그릇 밑에 깔면 잡균이 생기지 않는다고 한다. 대신

유익한 누룩곰팡이가 번식하여 35~80일 후면 누룩이 완성된다.

그렇다! 쑥이나 솔잎은 알아줘야 하니, 앞의 곡자 만드는 경우 말고도 송편에 쓰는 솔잎도 천연방부제 역할을 한다. 그냥 찐 송편과 솔잎을 깔고 찐 솔잎을 비교하면 후자가 훨씬 썩지 않고 오래 보관된다. 냉장고가 없을 때이니 말이다. 이렇게 송편 하나에도 심오한 과학이 스몄다니, 정말이지 조상들의 지혜는 알아줘야 한다. 게다가 약과도 기름에 튀기고 꿀을 발라 오래오래 두고 먹을 수 있는 간식거리가 아닌가. 온고이지신溫故而知新이란 말이 떠오르는구나!

"밀가루 장사 하면 바람이 불고 소금 장사 하면 비가 온다"는 말이 있다. 밀가루 장사를 하려고 장을 펼치면 거침없이 세찬 바람이 불어와서 가루가 날리고, 소금 장사를 하려고 하면 어이없게도 비가 와서 소금이 녹아내린다는 뜻으로, 일이 공교롭게 매번 뒤틀어짐을 비유적으로 이르는 말이다. 그런데 왜 졸업식 날 밀가루를 뒤집어쓰는 것일까? 난데없이 웃통을 홀렁 벗어젖히는 것은 다반사고 얄밉게도 옷을 갈가리 찢기도 하며 머리끄덩이를 잡지를 않나 손찌검질도 한다. 이 정도는 약과이고 더 심한 난리굿도 있다. 평상平常에서 일탈하고 싶은 마음이겠지?

전어 굽는 냄새에
집 나갔던 며느리 다시 돌아온다

　전어*Konosirus punctatus*는 청어목 청어과의 해산어류로 등이 검푸르며 배는 은백색으로 번들번들 매끄러우며 때깔이 곱다. 몸은 옆으로 납작하고 위턱과 아래턱은 거의 동일하며, 또렷하고 큰 눈은 지방질로 덮여 있는 기름 눈꺼풀이지만 동공 부분에는 홈이 있어 밖으로 드러나 있다. 몸은 비교적 큰 둥근비늘로 덮여 있으며, 배 쪽 정중선을 따라 수십 개의 날카롭고 강한 모비늘이 나 있다. 등 쪽에는 갈색 반점이 점점이 나서 가로로 여러 줄을 이루고 있으며, 유별나게도 등지느러미 끝의 연한 뼈인 연조 하나가 꼬리지느러미에 닿을 만큼 현저히 긴 것이 낚싯줄 모양을 하고 있으니 그 기능이 무엇인지 궁금하다. 꼬리지느러미는 황색이며, 몸길이는 족히 15~31센티미터나 된다.

수정란은 구형의 물에 뜨는 분리 부성란으로 알의 지름은 평균 1.21밀리미터이다.

전어를 한자어로 錢魚, 全魚, 剪魚라고도 쓰는데, 강릉에서는 새갈치, 전라도에서는 되미, 애미, 엽삭, 경상도에서는 전애라고 부른다. 크기에 따라 큰 것을 대전어, 중간 크기를 엿사리라고 하며, 전어 새끼나 작은 전어를 전어사리라고 부른다. 조선 후기 실학자 서유구徐有榘의 『전어지佃漁志』에 따르면 "전어는 기름이 많고 맛이 좋아 상인들이 염장하여 서울에서 파는데 귀한 사람이나 천한 사람이나 모두 좋아해 사는 이가 돈 생각을 하지 않아 '전어錢魚'라고 했다." 영어 이름은 '도티드 기저드 쉐드dotted gizzard shad'인데 옆구리 앞쪽과 아가미뚜껑 뒤편에 커다랗고 둥그스름한 갈색 반점이 있어 '도티드dotted'가 붙었고, '기저드gizzard'는 모이주머니, '쉐드shad'는 전어를 의미한다. 전어의 창자가 새의 모래주머니를 닮았다고 해서 붙인 이름으로 전어의 특징을 잘 살린 말이라 하겠다.

전어는 우리나라 서남해안 수심 30미터 근방에서 주로 서식하며 동중국해와 일본 중부 이남에도 산다. 근해성 물고기로 여름 동안은 외양에서 지내고 10월경부터 이듬해 3월경 사이에 내만이나 하구의 바닷물과 민물이 만나는 수역에 무더기로 모여든다. 또한 남쪽 바다에서 월동하고 4~6월 무렵에 난류를 타고 불철주야로 북상하여 7~8월에 산란한다. 전어는 산란 시기인 7~8월에는 몸에서 기름기가 빠져버리고 11월 이후에는 뼈가 억세져 결국 기름이 두둑이 오른 9~10월에 가장 맛있다. 그 때문에 이 무렵에 집중적으로 전어잡이를 하니, 동해 일부 지역과 경남 통영, 남해, 사천, 전남 광양, 보성 등의 남해 해역과 전남 목포, 전북 부안, 충남 서천 등의 서해 해역이 이름나고 소문이 났다. 특히 진흙(개흙)을 즐겨 먹기에 갯벌이 잘 발달한 곳에서 많이 잡히는데, 동·식물성 플랑크톤과 바닥의 유기물이 든 개흙을 먹는다.

요새는 선원 대여섯씩이 탄 배 두 척이 새벽녘에 짝을 이뤄 바다로 나가 쌍끌이를 하여 그물을 끌어올리지만, 예전에는 그물로 고기떼를 둘러싼 후 안간힘을 다해 쥐잡듯 방망이로 두들기거나 장대로 위협하여 기겁한 고기들이 우두망찰하여 꼼짝없이 그물코에 꽂히게 하여 잡았다. 또 함정그물로 고기떼가 지나가는 통로를 막아놓고 그물 쪽으로 유도하여 산 채로 잡기도 했다.

가을을 대표하는 생선은 누가 뭐래도 전어다. 갓 잡은 토실토실한 전어의 비늘을 쓱쓱 칼질하고 잔뼈와 함께 통째로 송송 잘게 채 썰듯 썰어서 양념한 초간장을 끼얹고 한입 가득 꼭꼭 씹어 먹으면 고소한 맛이 기똥차다. 또 살이 통통 오른 전어 몸집에 군데군데 비스듬히 칼질하고 소금을 뿌려 구우면 기름이 자르르 흐르면서 생선 굽는 냄새에 깜빡 죽는다. 소주나 한잔 걸치면 마냥 먹게 생겼다. 어라, 이렇게 글을 쓰는 중에도 입에 군침이 가득이고 목구멍이 조여 오는 것이 혹시 오메가3나 단백질 결핍 아닌가? 전어는 기름이 많은 생선으로 구울 때 지글거리며 맛깔 나는 특유한 냄새가 나기 때문에 "전어 굽는 냄새에 집 나갔던 며느리 다시 돌아온다"고 한다. 노릇하게 구운

전어 냄새가 하도 고소해서 가출한 며느리가 마음을 돌려 돌아온다는 뜻으로 전어가 대단히 맛이 좋음을 이르는 말이다. 어른들의 표현력과 해학성이 돋보이는 속담이렷다! 무턱대고 벅적거리는 전철을 타고 털레털레 가까운 인천 소래포구로 전어 먹으러 간다고 친구 하나도 자랑을 하던데……. 나도 한 번 나설까 보다.

"봄 도다리, 가을 전어"라고 봄에는 도다리가 맛있고 가을엔 전어가 으뜸이다. 또 "가을 전어에는 깨가 서 말이다"란 말은, 전어는 산란기인 봄에서 여름까지는 맛이 없지만 가을이 되면 체내 지방질이 꽉 차 맛이 좋다는 뜻이다. 전어만큼 계절을 타는 생선도 드물어서 "가을 전어는 며느리 친정 간 사이에 문 걸어 잠그고 먹는다"고 하지만 가을을 제하면 찬밥신세가 되니, "한여름에 잡히는 전어는 개돼지도 먹지 않는다"고 했다. 전어철이면 남도의 섬에 널린 게 전어라 어김없이 강아지도 전어를 물고 다니며 여북하면 많은 전어를 처리하지 못해 밭 거름으로 썼겠는가. 또한 물가에서 딱히 쓸모가 없다는 뜻으로 "물 넘은 전어"라는 말도 있다.

전어는 왕소금 철철 뿌려 굽거나 뼈째 썰어서 회로 먹는 것 말고도 젓갈로도 유명하다. "곯아도 젓국이 좋고 늙어도 영감이 좋다"고 했지. 전어사리(새끼)로 담근 것은 엽삭젓 혹은 뒈미

젓이라 하고 내장만을 모아 담근 것은 전어속젓이라 한다. 내장 중에서도 위胃만 모아 담은 것은 전어밤젓 또는 돔배젓이라 하는데 단연코 양이 많지 않아 귀한 젓갈에 속한다. 호남지방에서는 전어무침에다 깍두기도 담가먹는다.

　내 기억으로 우리 집 제사상에는 으레 돔과 전어는 빠지지 않았는데, 고향이 남해안에서 가까운 편이라 그랬던 모양이다. 아무래도 사는 곳에서 쉽게 구할 수 있는 것이 제물祭物이 되는 것이니, 내륙지방에서는 잘 상하지 않는 상어토막이 단골로 오르는 것도 같은 이치다. 생선뼈에 질색인 나는 잔뼈가 그득한 전어를 무척 꺼렸는데 요새는 꼭꼭 뼈까지 씹어먹는 데 재미를 붙였다. 나이를 먹으면 먹성도 바뀐다더니만 빈말, 틀린 말이 아니다.

집에서 새는 바가지는
들에서도 샌다

박*Lagenaria leucantha*은 쌍떡잎식물 박과의 덩굴성 한해살이풀
로 인도가 원산지이다. 박의 열매는 둥그스름한 것이 지름이
10~20센티미터 안팎으로, 참조롱박, 박오이라고도 한다. 어
릴 적에는 잎 말고 열매도 광합성을 하기 위해 푸른빛을 띤 초
록빛이었다가 완전히 익으면 푸른빛을 잃고 새하얗게 변한다.
잎은 심장형이고 꽃잎은 다섯 개로 갈라지며, 수술은 세 개의
꽃가루주머니가 붙고 암술머리가 셋으로 갈라지며, 수정 후에
씨방(자방) 벽이 비대하여 열매 껍질이 된다. 오이, 멜론, 호박,
수박, 수세미, 참외, 여주 등 박과식물의 꽃은 노란색이지만,
박은 일부 야생종을 제외하고는 유난히 모두 흰색이다.
　버팀목을 타고 살금살금 올라간 박은 이엉지붕에서 세력 좋

게 출렁거리며 어우렁더우렁 길차게 넝쿨을 뻗는다. 어느새 해가 지면 꽃잎을 벌려 야행성인 박각시 나방을 부르더니만 금세 허여멀끔하고 둥그런 박들이 초가지붕에 띄엄띄엄 너부죽이 자리매김을 하니, 그 모습이 시골 농가의 가을 풍경을 대변하였지. 무엇보다 박은 저녁 무렵에 꽃을 벌려 다음 날 아침에 시드는 것이 특색이다.

열매는 보통 수정 후 10일경부터 급격히 커지기 시작하여 한 보름이 지나면 거의 제 모양과 크기를 갖추니 이때가 박고지용으로 적당하다. 어릴 때는 과육인 박속을 식용할 수 있으나 다 자라면 과피果皮가 딱딱해지고 반드레해지고 과육은 쓴맛이 나서 먹을 수 없다. 첫서리가 내릴 즈음 박을 따서 슬근슬근 톱으로 반 켜고 속을 파낸 다음 솥에서 설설 삶고 끓여 다시 안팎을 깨끗이 긁어낸 뒤에 말려서 쓰니 그것이 바가지요 표주박이다. 뒤웅박은 완전히 익지 않은 늦가을의 박을 타지 않고 꼭지 부근에 손이 들어갈 만한 구멍을 둥글게 내어 속을 파내고 말린 것으로, 끈을 달아 마루나 벽 같은 데 걸어두고 꽃씨나 채소씨앗 같은 것이나 손쉽게 쓰는 일용품을 넣어둔다. 또한 통나무의 속을 파서 큰 바가지 같이 만든 큰 그릇을 함지박이라 하니 흡사한 말에 오해와 착각을 하지 말 것이다.

박의 변종인 호리병박*Lagenaria siceraria* 역시 박과의 1년생 재배식물로, 박하고 매우 닮은 잎과 꽃이 달리는 덩굴성이며 과실은 잘록이가 있다. 소형인 것을 조롱박이라고도 하며 긴호리병박도 있다. 충분히 자란 호리병박을 따서 물에 담가 종자나 속을 제거한 다음 잘 씻어 말리면 호리병 닮은 호리병박이 된다.

박고지(박오가리)는 덜 여문 과피를 긴 끈처럼 오려 말려 나물이나 국에 넣어 먹는 반찬거리이며, 참기름이나 들깨가루를 넣고 무친 것을 박오가리나물이라 한다. 둥그런 박을 썰어서 속을 파내고 적당한 크기로 토막 내고 한소끔 데친 다음 마늘, 참기름, 참깨 등을 넣어서 조물조물 무쳐 먹으며 탕국에 넣기도 한다.

충매화인 박을 꽃가루받이 시켜주는 박각시*Agrius convolvuli*는 박각시과에 딸린 커다란 나방으로, 날개 너비는 80~105밀리미터이고 몸 색깔은 전체적으로 회색이지만 복부에 검고 붉으며 흰 섬세한 무늬가 있다. 몸은 유선형으로 앞날개가 길고 뒷날개는 작으며 자기 몸보다도 더 긴 빨대 주둥이로 꽃물을 빤다. 소리가 들릴 정도로 빠른 날갯짓으로 정지비행을 한 채로 꽃꿀을 먹는 것이 벌새와 어슷비슷하다.

앞에서 말했듯이 박각시는 해질 무렵에 날아와 밤새 가쁜 숨을 몰아치며 일일이 박꽃을 찾아 샅샅이 꽃물을 빤다. 꽃과 나방도 궁합이 있는지라, 야행성인 박각시가 쉴 새 없이 돌아다니는 이슥한 밤에 박과 호리병박은 달맞이꽃처럼 꽃을 피우고 냄새를 풍긴다. 같은 박과식물이지만 낮 식물인 오이, 호박, 수박이 낮에 노란 꽃을 피우는 반면, 밤 식물인 박은 엉뚱하게도 밤에 하얀 꽃을 피우는 쪽으로 진화했다. 새하얀 박꽃은 밤에도 빛을 내서 나방의 눈에 쉽게 띈다. 아무튼 주행성인 나비에서 야행성인 나방으로 진화를 하였으니 박꽃과 박각시는 어느 쪽이 먼저 밤으로 돌았을까. 이렇게 두 동식물이 같은 방향으로 평행하게 시시각각 변해가는 상생과 공영의 진화를 공진화共進化라 한다.

바가지란 박을 두 쪽으로 쪼개거나 나무나 플라스틱으로 그와 비슷하게 만들어 물을 푸거나 물건을 담는 데 쓰는 그릇으로, 요금이나 물건 값이 실제 가격보다 훨씬 더 비쌈을 이르는 말이기도 하다. "집에서 새는 바가지는 들에 가도 샌다"란 본바탕이 좋지 아니한 사람은 어디를 가나 그 본색을 드러내고야 만다는 뜻이다. "바가지 긁다"는 주로 아내가 남편에게 불평과 잔소리를 심하게 함을 이르는 말이며, "바가지 쓰다"란 요금이나 물건 값을 실제 가격보다 비싸게 지불하거나 어떤 일에 대한 부당한 책임을 억울하게 진 상황을 뜻한다. "똥바가지를 쓰다"는 몹시 망신을 당하거나 남이 져야 할 책임을 억울하게 맡아 지게 됨을, "쪽박 차다"는 알거지가 됨을, "함박 시키면 바가지 시키고 바가지 시키면 쪽박 시킨다"는 윗사람이 아랫사람에게 무슨 일을 시키면 그도 자기의 아랫사람을 불러 일을 시킴을 이르는 말이다. 남자들이 부엌에 자주 드나들면 남자답게 되지 못함을 이르는 말로, "사내가 바가지로 물을 마시면 수염이 안 난다"라는 말도 있다.

바가지의 용도도 다양하였지. 가정의 필수용품으로 쌀을 퍼내는 쌀바가지, 장독에 두고 쓰는 장조랑바가지, 물을 퍼는 물바가지, 쇠죽을 담는 쇠죽바가지, 술독에 띄워놓고 술을 퍼내는 술바가지 말고도 합환주를 마시는 예식인 합근례에 쓰는 바가지도 있었다. 신랑과 신부가 대작을 한 뒤 두 표주박을 합쳐 신방 천장에 매달아 애정을 보존했으며, 조백바가지라 하여 표주박 한 쌍에 한쪽은 장수와 화목을 상징하는 목화를, 다른 한쪽에는 부를 상징하는 찹쌀을 한가득 담아 딸이 시집갈 때에 가마에 넣어 보냈다고 한다.

또 혼인 때 신부의 가마가 신랑 집 문 앞에 다다르면 박을 통째로 짓밟아 깨뜨렸고, 액운을 쫓는 굿에도 이용되었다. 그뿐만 아니라 신라 왕조의 시조 혁거세는 박과 같은 큰 알에서 태어났다고 하여 박이라는 성이 붙었고, 가면극의 면은 오늘날에도 바가지로 만드는 경우가 많다.

이렇듯 우리의 생활과 친근한 표주박이지만 지금은 플라스

틱 바가지가 자리를 대신하고 말았다. 요새는 수박의 모종을 접붙이는 대목臺木으로도 쓰니, 야생성을 잃지 않은 박은 뿌리를 길게 내리고 병에 강한 탓이다.

애간장을 태운다

애가 탄다, 애를 먹는다, 애를 먹인다 등에서 말하는 '애'는
무엇일까? 어원이 한자의 '장腸'이라 한다. 애란 결국 '초조한
마음속'이란 뜻으로 "아이가 들어오지 않아 애가 탄다"와 같이
쓴다. 또 애는 몹시 수고로움을 나타내거나 매우 안타깝고 초
조하여 속이 상할 적에도 쓰니, "애가 마르다" "애를 말리다"
등으로 쓰이기도 한다. "애끊다" 하면 몹시 슬퍼서 창자가 끊
어질 것 같다는 뜻이며, 애간장이란 '애'를 강조하여 이르는 말
로 "애간장을 졸이다"라거나 "사람의 애간장을 온통 끓어오르
게 하였다" 등으로 쓴다.

'홍어애국'이라는 것이 있다. '홍어애'는 홍어 내장으로, 물에
불려놓은 톳에 된장과 홍어 내장을 섞어 가볍게 버무려 놓고

냄비에 물을 부어 끓인 후, 다진 파와 마늘을 넣고 진간장으로 간을 한 다음 마지막에 참기름을 떨어뜨려 먹는다. 속풀이에 더없이 좋은 애국이렷다. 그럼 '속풀이'의 '속'은 무엇이람? 속이란 사람 몸 안의 위장 또는 마음을 이른다. 말하자면 '애'와 '속'은 한통속이요 한 과이다. 속 긁다, 남의 속이 뒤집히게 비위를 살살 건드리다, 속 끓이다, 술 탓에 속이 헐었다 등등 모두 '속'엔 위장과 마음이 배였다.

그렇다면 '위'의 다른 말은 무엇일까? '양'이다. 소의 첫 번째 위인 '혹위'를 양이라 하니, '깃머리'라고도 하는 양곱창이다. 참고로 소의 제3위(겹주름위)를 처녑 또는 천엽이라 하고, 제4위(주름위)는 색이 붉어 홍창 또는 마지막 위라 하여 막창이라고 한다. 소의 작은창자를 소창 또는 곱창이라 하고, 돼지창자를 순대라 하지 않던가.

소의 작은창자를 남한에서는 곱창, 북한에서는 곱밸이라고 한다. 곱창의 '창'은 '장陽'에서 온 말이고, 곱밸의 '밸'은 '창자'를 뜻하는 고유어이므로 곱창과 곱밸은 같은 의미이다. 그리고 '배알'이란 창자를 비속하게 이르거나 '속마음' '배짱'을 낮잡아 이르는 말로 줄여서 '밸'이라 한다. 배짱을 부리거나 성미를 부린다는 의미로 "밸을 쓰다", 비위에 거슬려 몹시 성이 난 모양새로 "밸이 곤두서다" "밸이 꼴리다" 등으로 쓴다. 애, 속, 양,

밸이 역시 한동아리였구나!

돼지의 창자를 순대라 한다. '한국식 소시지'인 순대에는 돼지순대 말고도 동태순대와 오징어순대가 있다. 돼지순대는 돼지창자를 뒤집어 깨끗이 빤 다음, 숙주, 미나리, 무를 데쳐 배추김치와 같이 다져 넣고 두부를 섞어 다진 생강과 마늘, 돼지피와 한데 주물러 창자에 넣은 후 창자부리를 동여매고 삶아 식혀서 썰어 먹는다. 동태순대는 소금에 절인 명태 배 속에 소를 꼭꼭 채워 넣고 입을 꿰매 김장철 광에다 줄줄이 매달아 꽁꽁 얼려두고 먹을 만큼 꺼내 솥에 쪄서 먹는다. 그리고 오징어순대는 오징어 몸통에 쇠고기, 숙주나물, 두부 등으로 양념한 소를 넣어 쪄 먹는다.

'애' 이야기에서 몹시 슬퍼서 창자가 끊어질 것 같다는 뜻인 '단장斷腸'을 빼놓을 수 없다. 『세설신어世說新語』에 나오는 이야기이다.

진晉나라 환온桓溫이 촉蜀을 정벌하기 위해 여러 척의 배에 군사를 나누어 싣고 가던 중 험하기로 유명한 양쯔강 중류 협곡 삼협三峽을 지나게 되었다. 한 병사가 새끼원숭이를 잡아왔는데 그 어미가 슬피 울며 자식을 구하려 백여 리를 따라오다 배 위에 뛰어오르자마자 넉장거리하며 그만 죽고 말았다. 병사들이 죽은 원숭이의 배를 가르자 창자가 토막토막 끊어져 있었고 이를 전해들은 환온은 크게 노해 새끼원숭이를 풀어준 후 원숭이를 잡아온 병사를 내쫓아버렸다.

그렇다. 육이오 전쟁 때 남편과 이별하는 아내의 아픔을 노래한 이미자의 애조 띤 「단장의 미아리고개」도 듣고 있으면 속절없이 창자가 끊어지리만큼 슬프다. 인생의 에움길이 꼬불꼬불하여 걷기 힘들거나 세상살이가 험하고 어려울 때를 구절양장九折羊腸이라 한다. 구절양장, 아홉 번 꺾어진 양의 창자란 뜻이 아닌가. 초식동물인 염소나 양의 창자는 참 길다. 그런가 하면 육식동물은 창자가 짧고 잡식은 그 중간에 든다. 여하튼 소의 창자는 길이가 60미터로 몸길이의 22배이며, 돼지는 16배, 사람은 대략 5배에 달한다.

사람의 '곱창' 길이는 평균 6~7미터인데 그중 대장은 1.5미터에 지나지 않는다. 소장 자체에는 주름이 많고 손가락 모양의 아주 작은 1제곱밀리미터당 30개 정도가 분포하는 현미경적 융털이 수없이 나 있으며, 그 융털에 또다시 작은 돌기들이 빽빽이 나 있어 소장은 원통 표면적의 약 600배인 200제곱미터까지 넓힐 수가 있다.

좁은 공간에 넓은 표면적을 갖도록 하는 것이 주름이요 돌기라 그렇게 양분의 흡수면적을 무한히 넓힌다! 주름과 꼬임의 특징은 좁은 공간에 많이 넣을 수 있는 경제성에 있다. 50미터의 라면도 뱅글뱅글 돌려 말았기에 부피를 한껏 줄일 수 있었던 것! 다시 말하지만 창자는 애, 속, 양, 밸 따위의 별명을 가졌더라.

명태가 노가리를 까니,
북어냐 동태냐

2009년에 고인이 된 바리톤 오현명이 굵다랗고도 묵직한 목소리로 불렀던 가곡 「명태」를 처음 들었을 때의 충격을 잊지 못한다. "검푸른 바다, 바다 밑에서, 줄지어 떼지어 찬 물을 호흡하고 (……) 쫙쫙 찢어지어 내 몸은 없어질지라도 내 이름만은 남아 있으리라. 명태, 명태라고."

명태는 한꺼번에 100만 개가 넘는 엄청난 명란明卵을 산란한다. 알에서 부화한 어린 명태를 노가리라 하는데, 흔히 말이 많거나 거짓말을 늘어놓는 '허풍'이나 '대포'를 속되게 이르는 말이다. 명태 한 마리가 까고 푸는 알의 수는 엄청나게 많지만 거의 모든 알이 딴 물고기에 잡아먹히고 성어成魚가 되는 놈은 얼마 되지 않는다. 그래서 말이 많은 사람을 가리켜 "노가리 푼다"거나 "노가리 깐다"라고 하면 그만큼 신빙성이 없는 헛말을 함을 빗댄 표현이 된다. "군말이 많으면 쓸 말이 적다" 하고 "말 많은 집은 장맛도 쓰다" 하지 않는가. 말이 많으면 해 되는 일이 많으니 말을 삼가고 경계해야 한다. 결국 노가리를 까거나 푸는 사람은 한 마리의 명태에 지나지 않는다.

프랑스인들이 즐겨 먹는 생선이 가자미이고 일본인들이 돔을 으뜸으로 친다면, 우리가 가장 즐겨 먹는 생선은 분명히 명태이다. 명태는 무리를 지어 다니며 베링 해 동부에 제일 많이 산다. 그래서 우리가 먹는 명태는 대개 러시아산이다. 세계에서 가장 많이 잡히는 물고기 가운데 하나이며, 미국 사람들이 가장 즐기는 생선으로 알다시피 그들은 뼈를 발라낸 하얀 살코기인 필릿fillet을 먹는다.

이것이나 저것이나 매한가지라는 뜻으로 "동태나 북어나"라는 말이 있지만 동태와 북어는 번연히 모양도 맛도 다르다. "북어 껍질 오그라들 듯"이란 하는 일마다 이루어지지 않거나 발전이 없고 점점 오그라들기만 하는 경우를 비유적으로 이르는 말이다. 또한 추위로 몹시 얼었을 때 "동태가 되었다"라고도 한다.

노가리의 어미인 명태를 살펴보자. 물고기로서의 이름이 명태이고, 말려서 수분이 빠진 것을 북어 또는 건태, 반쯤 말려서

살이 졸깃졸깃한 놈을 코다리, 얼부풀어 더덕처럼 마르고 빛깔
이 누르며 살이 연한 놈을 더덕북어라고도 부르는 황태, 꽁꽁
얼린 놈을 동태, 갓 잡아 싱싱한 놈을 선태라고 한다. 생선 하
나의 이름이 말리는 방법이나 수분 함량에 따라 이처럼 다양하
다니……. 잡는 방법과 잡힌 장소에 따른 별칭도 있으니, 그물
로 잡은 것은 망태, 낚시로 잡은 것은 조태라 하며, 잡힌 지방
에 따라 북방 바다에서 잡힌 것을 북어, 강원도 연안에서 잡힌
것을 강태, 함경도 연안에서 잡힌 작은 것을 왜태라고 한다.

코다리는 명태 내장과 아가미를 빼고 4~5마리를 한 코에 꿰어 꾸덕꾸덕 말린 것이다. 하얗게 말린 것을 백태, 검게 말린 것을 흑태, 딱딱하게 말린 것을 깡태라 부른다. 또한 성장 상태에 따라 어린 명태를 애기태, 애태, 노가리라고 한다. 세상에 생선 한 종에 이렇게 별명이 많은 것 있으면 나와 보라. 아마도 전무후무할 것이니 적이 놀랍도다. 별호가 많으면 유명한 사람이라 하듯 명태는 알아줘야 할 생선이다!

명태Theragra chalcogramma는 대구Gadus macrocephalus와 비슷한 대구과에 속하며, 언뜻 보아 대구와 유사하나 대구에 비하여 몸이 세장細長하고, 아래턱이 위턱보다 약간 길며 꼬리지느러미가 두 갈래로 째진 점이 다르다. 명태는 한류성 바닷물고기로 주로 한국 동해(지금은 완전히 씨가 말라 찾을 길이 없다), 일본 오호츠크 해, 베링 해, 미국 북부 등의 북태평양에 분포한다. 초식어류보다 덜 비린 육식어류로 어린 치어稚魚는 밤에 수면 위로 떠올라 플랑크톤을 먹고 성어가 되면 갑각류와 작은 물고기를 먹는데, 때로는 제 치어인 노가리와 알도 서슴없이 먹어 치우는 동족상잔同族相殘이 벌어진다.

등지느러미 세 개와 뒷지느러미 두 개가 발달하였으며 가슴지느러미는 비교적 길고 꼬리지느러미는 수직이다. 눈은 크고 위턱보다 긴 아래턱이 앞쪽으로 돌출하였으며, 아래턱의 앞 끝에는 흔적만 남은 매우 짧은 수염이 하나 있다. 잔등은 연한 청갈색 바탕에 파상 무늬의 암갈색 세로띠가 세 줄가량 머리에서 꼬리까지 좁고 길게 뻗어 태깔이 멋지며 배 바닥은 희다.

명태의 제철은 1~2월이며, 머리, 아가미, 살, 내장 등은 모두 식재료로 이용되는데 살코기와 수컷의 정소인 곤이는 국이나 찌개용으로, 알은 명란젓, 창자는 창난젓, 아가미는 아가미젓으로 쓰인다. 생태는 찌개나 매운탕으로 자박자박 끓이고, 북어는 국, 찜, 구이 말고도 손으로 비비거나 숟가락으로 살을 곱게 찢은 다음 참기름, 깨소금, 후춧가루를 넣어 무치면 북어 보푸라기가 된다. 명란은 날것으로도 맛있지만 찌거나 두부와 함께 명란두부찌개를 끓여도 맛있다. 황태는 구이는 물론 무침이나 간장 해독, 숙취 해소, 노폐물 제거에 효과가 있다는 해장국으로 끓이면 술국으로 일품이다. 어디 그뿐인가. 꺼들꺼들 마른 노가리구이는 술안주로, 노가리무침과 조림은 밥반찬으로 좋다.

명태는 게맛살이나 어묵을 만드는 원료인데, 게맛살은 명태 살에다 달걀 흰자를 섞고 트랜스글루타미나아제transglutaminase 효소와 붉은 색소, 게 향을 더해 만든다. 어묵(생선묵)은 명태를 비롯한 생선의 살을 뼈째 으깨어 소금, 칡가루, 조미료 따위를 넣고 익히는데 역시 게맛살과 마찬가지로 원래는 일본 음식이다.

명태에서는 대구나 상어 등과 함께 노란 기름인 간유肝油를 추출하니 눈에 좋은 비타민 A와 뼈 형성에 관여하는 비타민 D를 듬뿍 함유하고 있다. 가끔 손끝이 매운 집사람이 명태 껍질을 벗겨 말린 것을 양념장으로 볶은 명태껍질 튀김을 밥반찬으로 해준다. 제사상에도 빠지지 않고 머리와 꼬리가 잘린 북어포가 올라오니 아무튼 예사로 볼 명태가 아니었구나!

아닌 밤중에 홍두깨

"아닌 밤중에 홍두깨"란 난데없는 일을 당하거나 느닷없이 엉뚱한 말을 해서 당황스럽거나 어이없음을 이르는 말이다. 별 안간 뜻하지 않은 말을 불쑥 꺼내거나 예상치도 않았는데 갑자기 뭔가가 나타나는 경우를 빗댄 말인데, 비슷한 표현으로 "마른하늘에 날벼락"이 있으니 불행, 재앙, 사고로 인해 받는 큰 충격을 뜻한다.

'환과고독鰥寡孤獨'이란 고사성어가 있다. 부인 잃은 홀아비, 남편 없는 과부, 어려 부모 없는 고아, 늙어 자식 없는 외롭고 의지할 데 없는 사람을 이르는 말이다. 또한 단현斷絃이란 원래 현악기의 줄이 끊어짐을 뜻하지만 금슬琴瑟의 줄이 끊어졌다는 뜻으로 아내의 죽음을 이르는 말로 쓰인다. 정녕 당해보지 않고는 알 수 없는 서럽기 그지없는 사람들이다. 남편 없이 아들 자식 둘을 키운 어머니를 곁에서 봐왔기에 나는 그 슬픔을 어렴풋이나마 알았지만, 거를 수 없는 나이를 먹어보니 가누기 어려운 그 아픔을 절감하게 되는구나.

옛날 여인네들은 남편을 잃고 홀로된 뒤에 개가改嫁하는 것이 금지되었기에 청상과부로 수절할 수밖에 없었다. '홍두깨'는 여인네들 사이에 남자의 성기를 남우세스럽게 차마 드러내 놓고 말하지 못하고 암시적이고 은유적으로 빗댄 것으로, "아닌 밤중에 홍두깨"는 한밤도 아닌 대낮에 일을 당하다라는 의미도 있었다.

홍두깨는 박달나무를 지름 7~10센티미터, 길이 70~90센티미터로 가운데가 약간 굵고 양끝으로 갈수록 가늘게 깎은 몽둥이로 표면을 곱게 갈아 반드럽고 매끈하게 만든다. 옛적에 빨래 뒤 끝에 쓰던 필수 도구였는데 홍두깨에 싱그럽게 풀 먹인 옷감이나 홑이불을 감아 다듬잇돌 위에 올려놓고 다듬잇방망이로 홍두깨를 빙빙 돌려가면서 두들겨 구김살을 펴고 옷감 특유의 광택과 촉감을 살리며 풀기가 옷감에 골고루 배어들게 하니, 이렇게 하면 마르면서 윤이 난다. 필자가 어릴 적엔 이집 저집에서 또닥또닥 울려대는 애수 띤 다듬잇방망이 소리를 들으면서 자랐지. 백의민족이라는 말이 실감날 정도로 너 나 할 것 없이 늘 하얀 옷을 입었다. 새하얀 옥양목 치마저고리를 입은 엄마와 숙모 두 분이 마주 앉아 양손으로 다닥다닥 세차게 두드려대니 방망이 소리가 동네방네에 쩡쩡 울렸고 멀리멀리 퍼져나갔다. 암튼 집안에는 즐겁고 기쁜 소리를 이르는 세 가지 소리, 삼희성三喜聲이 있었는데 바로 아녀자들 다듬이 소리, 아이들 글 읽는 소리, 갓난아이 우는 소리다. 참 안타깝고 애석하도다. 이 세 가지 소리를 들은 지가 언제인지 기억조차 나지 않으니 말이다. 앞의 둘은 세탁기 돌아가는 소리와 스마트폰 울리는 소리가 갈음하고, 농촌엔 앙앙 아이 우는 소리가 그친 지 오랜 옛날이 되었다. 한갓 역사의 뒤안길로 사라지고 만 것이다.

대대손손 집집마다 흔하게 홍두깨가 널리 쓰였기에 자연히 거기 얽힌 속담이 생겨났고, 그 속에서 우리는 선조의 인간상, 생활상, 사회상을 엿볼 수 있다. 무척 화가 나 배알이 곤두설 때 "홍두깨가 뻗치다" "홍두깨가 치밀다"라 하고, 남에게 내놓을 만한 자랑을 "홍두깨 같은 자랑"이라 한다. 뜻밖에 좋은 일을 만날 때 "홍두깨에 꽃이 핀다"라 하고, 남을 해치려 하다가 도리어 큰 화를 입게 되는 경우를 "가는 방망이 오는 홍두깨"라 한다. 처음에는 하찮은 일로 옥신각신하던 다툼이 차츰 커져 큰 싸움으로 번질 때 "바늘만큼 시작된 싸움이 홍두깨만큼

커진다"라고도 한다.

"문경새재 박달나무는 홍두깨 방망이로 다 나간다"고 홍두깨는 재질이 야물디야문 박달나무에서 탄생한다. 박달나무 *Betula schmidtii*는 자작나무과의 낙엽활엽교목으로 언뜻 보아 자작나무를 닮았다. 높이 30미터, 지름 1미터에 달하는 커다란 나무이며, 한국, 일본, 중국 북동부, 우수리 등지에서 자생한다. 고도 300∼2000미터 사이에 분포하지만 600미터 내외가 중심지대로 광선을 잘 받는 산비탈에 많다. 나무껍질은 검은 회색이며 두꺼운 비늘처럼 갈리고, 잎사귀는 어긋나기를 하는데 난형이거나 타원형 또는 난타원형이며 가장자리에 자잘한 톱니가 있다. 잎의 뒷면에 송진 같은 기름방울인 유적을 분비하는 점 꼴의 선(샘)이 있다.

우리나라는 예부터 박달나무를 신성시하여 건국신화에도 단군왕검이 박달나무 아래서 신시神市를 열었다고 전하며, 단군이나 신단수의 '단檀'도 박달나무라는 뜻이다. 우리의 정기가 담긴 박달나무로고, 한마디로 한민족의 희로애락이 담긴 나무라 할 수 있다. 박달나무는 논밭을 가는 쟁기와 홍두깨, 방망이는 물론이고 한 많은 여인들의 절규가 밴 빨랫방망이나 곡식을 찧고 쓿는 디딜방아의 방앗공이와 절굿공이를 장만하는 데도 쓰인다. 또한 무겁고 단단하여 가구, 조각, 곤봉, 수레바퀴의 재료로도 쓰이는데 본래 좀이 잘 슬지 않는 것이 특징이나 때로는 좀이 슬기도 하니, 그래서 똑똑한 사람이 실수를 하거나 평상시 건강하던 사람이 아플 때를 두고 "박달나무도 좀이 슨다"고 한다.

이 이야기를 뺄 수가 없다. 충청북도 제천시 봉양면과 백운면 사이에 있는 고도 504미터의 고개 박달재! 이 일대에 박달나무가 많이 자생하여 박달재라고 한다는 설도 있고 이 근처에서 죽었다는 박달朴達이라는 청년의 이름을 따서 박달재라고 부른다는 설도 있다. 어쨌거나 박달 도령과 금봉이 처녀의 애틋한 사연을 담은 노래 「울고 넘는 박달재」가 지금껏 널리 애창되고 있으니 "천둥산 박달재를 울고 넘는 우리 님아……" 목이 터져라 따라 부른다.

송충이는 솔잎을 먹어야 산다

"송충이가 갈밭에 내려왔다"란 솔잎을 먹고 사는 송충이가 난데없이 먹을 것을 찾아 갈밭에 내려온다는 뜻으로 분수에 어울리지 않는 행동을 함을 놀림조로 이르는 말이다. 비슷한 말로 "송충이는 솔잎을 먹어야 산다"가 있는데 솔잎만 먹고 사는 송충이가 갈잎을 먹게 되면 땅에 떨어져 죽게 되니 주제에 맞지 않는 딴마음을 먹었다가 큰 낭패를 본다는 의미이다. 아무튼 못 오를 나무는 쳐다보지도 말아야 하는 법이다.

그렇다면 정녕 송충이는 솔잎만 먹고 살까? 포식자인 동물과 피식자인 식물 간의 먹이관계는 서로 종특이성種特異性이 있어서 먹고 먹힘이 정해져 있다. 배추흰나비는 배추나 무 같은 십자화과 식물의 이파리를 먹고, 호랑나비애벌레는 귤나무나 탱자나무, 산초나무를 먹으며, 제왕나비는 박주가리 잎만 뜯듯이 말이다. 송충이는 솔잎 가운데도 재래종 소나무인 적송(육송) 잎을 주로 먹으며 리기다소나무나 곰솔(해송)같이 잎이 거칠고 센 것은 꺼린다. 송충이를 먹는 새들도 어치(산까치), 두견새, 뻐꾸기, 직박구리 등 몇 종이 정해져 있다.

솔나방*Dendrolimus spectabilis*은 곤충강 나비목의 한 과로 털과 비늘로 덮였으며, 날개 길이는 수컷이 25~30밀리미터, 암컷이 28~48밀리미터로 암컷이 좀 더 크다. 대부분 바탕색은 다갈색 또는 흑갈색이고 개체에 따라 색채 변이가 다양하며 특히 수컷에서 더 심하다. 더듬이는 암수 모두 깃털 모양이지만 더듬이 빗살은 수컷이 길고 암컷은 짧다. 성충은 7~8월에 발생하고 야행성인 유충은 원통 모양에 길고 억센 털로 덮여 있으며 보통 침엽수 또는 활엽수의 잎을 먹고 산다. 세계적으로 2000여 종이 있으며 한국에는 15종이 알려져 있다. 풀이나 나무에서 보는 덥수룩하게 털을 뒤집어쓴 것은 거의가 나방의 애벌레들이다.

고치에서 나와 성충이 된 이들은 곧바로 짝짓기를 하니, 짝짓기를 끝낸 솔나방 암컷은 매끈한 달걀 모양의 알 300여 개를 솔잎이나 나뭇가지에 덩어리로 모아 낳는데, 알은 어미 배에서 떼낸 비늘로 완전히 덮는다. 송충이는 처음에는 떠돌이 생활을

하다가 좀 더 자라면 떼를 지어 솔잎 서넛에다 비단실로 묶어 영구적으로 숨을 집을 짓는다. 그 후 다 자라면 집을 떠나 월동할 곳을 찾아 나서니, 가끔은 또래 수백 마리가 꼬리에 꼬리를 물고 줄을 지어 스멀스멀 기어간다. 솔나방은 7~8월에 알을 낳는데, 알에서 깨어난 송충이는 가을에 5령이 되어 10월 하순에는 나무에서 내려와 뿌리 부근의 부드러운 흙이나 나무의 껍질에서 월동한다. 이듬해 봄에 다시 3번 탈피해서 8령으로 성숙하면 분비물인 비단실로 짠 고치를 득달같이 만들어 번데기가 되어 들어앉는다.

송충이는 솔나방의 애벌레로 소나무의 잎을 갉아먹어 큰 피해를 주는 해충이다. 해를 끼치는 수종은 소나무, 잣나무 등 소나무속屬의 수종이 거의 전부인데, 낙엽송(일본잎갈나무)의 잎을 갉아먹기도 한다. 일본, 만주, 시베리아 동부, 중국 북부에 국한하여 분포한다. 송충이는 누에와 비슷하지만 흑갈색을 띠며 온몸에 길고 센 털이 나 있는데 이렇게 길쭉한 몸에 억센 털이 밀생密生하는 나비목 유충을 속칭 모충毛蟲이라 한다. 언뜻 보면 섬뜩하고 징그러우나 가까이 가서 자세히 들여다보면 한결 귀티가 나니 귀엽고 예쁘지 않은 생물이 없더라! 곱게 보면 잡초 아닌 것이 없고 예쁘게 보면 꽃 아닌 것이 없다 했것다! 쐐기나 쐐기풀에 비할 바는 못 되지만 털은 쐐기풀처럼 찌르며 털에 닿은 살갗에 물집이 생기고 눈에 들어가면 염증이 일며 심한 알레르기도 일으킨다. 개들도 덥석 물거나 불장난을 치다가 기필코 혼이 난다. 보통 여름철에 나타나 월동할 때까지 약 60~80일간 솔잎을 먹는 것을 전식前食이라 하고, 겨울을 지나서 여름철 고치를 지을 때까지 먹는 것을 후식後食이라 하는데, 전식보다는 후식의 피해가 더 심하다. 덩치가 커졌으니 먹는 양이 많아지는 것은 당연지사다.

송충이 방제로는, 첫째로 생물학적 천적인 각종 말벌 같은 기생벌이나 앞에서 이야기한 산새를 보호하는 방법이 있다. 즉, 숲의 생태계가 다양하고 건전하게 유지되면 송충이의 발생을 억제할 수 있다. 사실 송충이의 몸에 난 털에는 상당히 강한 독이 있어서 일반적으로 텃새나 다른 새들이 먹으면 위장 장애로 죽을 수도 있기에 먹지 않는다. 둘째로 소나무 줄기에 짚을 감아 월동을 위해 내려오는 애벌레의 잠복소를 만들어주어 이곳에 모인 송충이를 몽땅 잡는 방법이 있다. 그리고 셋째로 성충인 솔나방은 양성주광성陽性走光性이 있으므로 유아등誘蛾燈을 설치해 밤중에 솔나방을 모아 잡을 수도 있다. 마지막으로 우리가 옛날에 썼던 방법으로, 나무젓가락으로 하나하나 잡아 없앨 수 있다. 그러나 다행히 이들이 지금은 크게 애를 먹이지 않는 편이다.

솔나방 말고도 솔잎을 해치는 곤충에는 솔잎혹파리*Thecodiplosis japonensis*가 있으니 이는 파리목 혹파리과의 곤충으로 한국, 일본, 중국에 분포한다. 크기가 1.75~2밀리미터인 성충은 5월 하순부터 번데기에서 우화羽化하여 소나무의 새잎에 산란한다. 알에서 깬 유충은 솔잎 아래 부위에 들어가 혹을 만들고(이때 솔잎이 상한다) 그 속에서 살다가 9월 말경부터 혹에서 나와 땅속으로 들어가 월동한다. 처음 외국에서 유입되어 천적이 없었을 때는 소나무에 많은 피해를 줬으나 지금은 천적이 나타나 생태적 평형을 이뤄 아무 탈 없이 잠잠하다.

'소나무의 에이즈'라고도 부르는 소나무재선충材線蟲은 소나무와 잣나무에 기생하는 선충으로, 소나무에 치명적인 심각한 해충이다. 딱정벌레목 하늘소과의 곤충인 솔수염하늘소를 통해 나무에 옮기는데, 일본, 타이완, 한국에서 출현했으며, 현재도 계속 북상 중이기에 강원도나 경기도에서는 감염된 소나무를 베고 방제해 재선충의 확산을 한사코 막고 있다.

약방의 감초라!

 "초약草藥에 감초"라거나 "약방에 감초"란 한약에 감초를 넣는 경우가 많아 한약방에는 감초가 반드시 있다는 데서 나온 말이다. 어떤 일에나 빠짐없이 끼어드는 사람 또는 보란 듯이 꼭 있어야 할 사람이나 물건을 비유적으로 이르는 말인데, "탕약에 감초 빠질까"라거나 "건재 약국에 백복령"이라고도 한다. 모름지기 "약방의 감초"같이 언제 어디서나 필요한 사람이 되어야 하겠다. 필자가 자식들에게 일러주는 가훈이 "잡을 손, 집힐 손"인데, 남의 손을 잡아주고 또 남이 당신의 손을 잡아주는 사람 즉, 늘 없어서는 안 되는 감초같이 쓸모 있는 사람이 되어달라는 뜻이다.

 먼저 복령을 간단히 살펴본다. 속담 속의 복령*Poria cocos*은 담

자균류 장이버섯과의 버섯으로, 소나무를 베어낸 지 오래된 자리의 송근松根에 기생하여 혹처럼 자라는 균체이다. 지름 10~30센티미터가량의 둥글거나 길쭉한 덩어리로, 겉은 소나무 껍질처럼 거칠고 속은 희거나 분홍빛이 난다. 이때 속이 흰 것이 백복령이고 분홍빛이 적복령으로, 전자는 적송뿌리에 후자는 곰솔에 기생한다. 북한에서는 솔뿌리혹버섯이라 부르며 한국, 중국, 일본, 북아메리카에서 자생한다.

신선이 먹었다는 복령을 복신茯神이라고도 하는데, 특히 복령 속에 소나무 뿌리가 꿰뚫고 있는 것이 있으니 이를 복신이라고 한다. 소나무의 신성한 기운이 땅속에 스며들어 뭉쳐 생긴 것이라고 여겼으며, 귀신과 재앙을 물리치기 위해 주먹만 한 복령을 차고 다녔다는 기록도 있다. 거의 냄새가 없고 맛은 달지만 밋밋하고 덤덤하며, 이뇨, 장관 이완, 궤양 예방, 혈당 강하, 심장 수축력 증가, 면역 증강, 항암에 효과가 있다고 한다.

다음은 감초甘草 차례다. 감초는 중국어를 그대로 받아썼으며 말 그대로 '달콤한 풀'이란 의미이다. 감초에도 여러 종이 있어서, 한국과 일본에서는 감초와 유럽감초를, 중국에서는 이것 말고도 창과감초 뿌리를 많이 쓴다고 한다.

감초는 모든 한방약의 약효를 조화하여주기에 한방에서는 오랫동안 나랏일에 종사하여 공로가 많은 연로자를 이르는 말인 국로國老라 불렀다. 이 말 말고도 미초美草, 밀감蜜甘, 밀초蜜草라고도 부른다. 감초는 특이한 냄새가 은은히 나며 맛은 달달하니 이 글을 쓰는 순간에도 감초 단내가 코에 스며드는 듯하고 달착지근한 감칠맛이 입안에 도는도다. 약탕을 끓이는 날에는 온 집 안에 감초 냄새가 진동하고 우려낸 건더기를 주워 씹어도 그 맛이 남아 있다. 감초뿌리의 겉껍질은 적갈색이나 암갈색을 띠며 껍질 벗긴 감초는 바깥 면이 엷은 황색이고 질긴 섬유성이다.

감초Glycyrrhiza uralensis는 쌍떡잎식물 장미목 콩과의 여러해살이 약용식물이다. 추운 기후에 자생하는 식물로 높이는 1.5미터 정도이며, 비대하고 곧은뿌리는 땅속 깊이 파고들고, 모가 진 줄기는 곧게 자란다. 또한 흰털이 밀생하여 회백색으로 보이고, 끈끈한 점액을 분비하는 분비샘이 점점이 흩어져 있다. 잎은 어긋나기를 하고 잎자루에는 섬모가 가득 나며 아까시나무 잎처럼 잎줄기 좌우에 몇 쌍의 잔잎이 짝을 이루어 달리고 그 끝에 작은 잎 하나가 열리는 홀수 깃꼴 겹잎이다. 잔잎은 7~17개씩으로 달걀 모양이며, 길이는 2~5센티미터, 너비는 1~3센티미터로 양면에 흰털과 선점이 있다. 보라색, 백색, 황색인 꽃은 7~8월에 피는데 길이가 1.4~2.5센티미터로 보라색이며 잎겨드랑이에 달린다. 길쭉한 꼬투리는 겉에 가시 같은 털이 있고 활처럼 굽으며 콩팥형의 종자가 6~8개씩 들어 있다. 물이 잘 빠지는 계곡이나 태양이 아주 잘 비치는 곳에서 잘 자라며, 이란, 이라크, 아프가니스탄, 파키스탄, 터키, 중국, 몽골 등지에서 많이 재배한다.

감초는 번식용 뿌리와 약재용 뿌리가 서로 다른데, 종자가 되는 것은 옆으로 뻗은 뿌리를 사용하고 약재용 뿌리는 밑으로 뻗은 뿌리를 쓴다. 4~5년 재배하면 수확할 수 있고 수확기는 잎이 말라 죽은 후인 늦가을이 가장 적합하며 이때 수확한 것이 단맛이 강하다. 역사적으로 중국에서 이식하여 우리나라 여러 지방에 심었으나 잘 번식되지 않았는데, 함경북도 산이 최고로 좋았다는 기록이 있을 뿐이고, 만일 재배에 성공하더라도 중국이나 필리핀, 미얀마 등지의 감초가 워낙 싸서 경쟁력이 없다고 한다.

감초의 주성분은 글리시리진glycyrrhizin인데 이는 감초의 뿌리에서 채취하며, 설탕보다 30~50배 단맛이 있을뿐더러 설탕과는 달리 단맛이 오래 지속되어 인공감미료로 사용한다. 뿌리를 말린다거나 썰어 가루를 내어 약재로 쓰지만, 감초 뿌리를 푹 삶은 진액을 다 증발시켜 얻는데, 60~70퍼센트는 담배의 향과 맛을 내는 데 쓰인다. 담배에도 감초가 들었다!? 어쩐지 담배 맛이 달착지근하더라니. 씹는 담배에 더 많은 감초가 들어가며 몇몇 나라에서는 캔디나 음료수에도 넣는데, 이탈리아나 스페인에서는 감초 뿌리를 쓱 뽑아서 날것을 구강청정제로 씹어 먹는다고도 한다.

다시 말하면 감초는 서양에서도 생약生藥의 특성을 꼬치꼬치 연구·실험하여 약효를 인정하기에 이르렀다. 생약이란 감초처럼 식물, 동물, 미생물이나 그 대사 산물을 그대로 쓰거나 성질을 바꾸지 않을 정도로 절단, 파쇄, 건조, 추출하여 가공하거나 조제한 약이다. 감초 성분인 글리시리진산은 바이러스성 간염, 헤르페스herpes바이러스, 결핵, 암, 위궤양, 기관지염, 당뇨 등등에 효용이 부지기수로 알려져 있다. 그러나 역시 과용하면 간 기능을 해치고 혈관계에 해를 끼치며 혈압이 높아지는 등 많은 부작용이 있으니 하루에 100밀리그램 이상을 먹지 말라고 권고한다. 허참, 감초야말로 여기저기 많이도 쓰이는 없어서는 안 될 "약방의 감초"일세그려. 감초 인생을 살아볼지어다.

비위가 거슬리다

　비위脾胃란 의학적으로 지라와 위를 통틀어 이르는 말로, 어떤 음식물이 먹고 싶은 마음이나 아니꼽고 싫은 것을 견뎌내는 성미를 이르기도 한다.

　"비위가 거슬리다" "비위가 뒤집히다"는 아니꼽고 속이 상함을, "비위가 노래기 회 쳐 먹겠다"는 고약한 노린내가 나는 노래기나 무서운 왕지네를 회 쳐 먹는다는 뜻으로 아주 비위가 좋음을 이르는 말이다. "고추장 단지가 열둘이라도 서방님 비위를 못 맞춘다"는 성미가 몹시 까다로움을, "비윗살 좋기가 오뉴월 쉬파리를 찜 쪄 먹겠다"는 몹시 비위가 좋고 뻔뻔스러움을 비유적으로 이르는 말이다. 귀에 익은 말로는 "남의 비위를 건드리다" "비위가 좋고 뱃심이 세다" "비위를 맞추기 위해 아부하다" "남의 속이 뒤집히게 비위를 살살 건드리다"는 등 쓰임새가 많다. 비위를 사투리로 '비우'라 했다.

위장은 다른 곳에서 논하기로 하고 여기서는 지라를 보겠다. 지라를 다르게 비장脾臟이라 하는데, 남모르게 감추어두거나 소중히 간직했다가 급하면 쓴다는 의미의 비장秘藏과 장딴지를 이르는 비장腓腸도 있다.

사람의 지라 무게는 평균 150그램이며 길이는 5센티미터 정도로, 오직 척추동물에만 있는 림프절을 닮은 일종의 순환기관이다. 횡격막 체내 최대 림프기관으로 혈관이 많기 때문에 간처럼 적갈색인 난형 기관인데, 무게가 체중의 약 0.5퍼센트를 차지하니 여러 기관 중 작은 편에 든다. 아홉 번째에서 열한 번째 갈비뼈 사이에 있으면서 윗면은 횡격막에 접하고 아랫면은 왼쪽 신장에 닿으며 일부는 위와 접하고 췌장 꼬리와 맞닿아 있다. 내부 구조는 림프절과 비슷하고 해면질로 안에 틈이 많아 조직이 흐물흐물하며, 전신의 림프기관 중량의 약 25퍼센트를 차지한다. 손으로 만지는 촉진으로 비장을 만질 수 없으나 영상학적으로는 감지된다고 한다.

지라는 태아 때나 적혈구, 백혈구, 혈소판을 형성하는 골수의 작용이 부실하면 혈구도 만든다. 두꺼운 결합조직을 가진 흰 막이 표면을 덮으며, 그 안에 부드럽고 붉게 보이는 것이 비수脾髓인데, 이는 희게 보이는 백수白髓와 적수赤髓로 구별된다. 백수에 대식세포, T세포, B세포가 들어 있어 병원균을 잡아 죽이고 항체를 만든다. 적수는 혈액의 저장장소이면서 간과 함께 수명 120일을 다 채운 늙고 낡은 혈구를 파괴하는 장소이며, 부드러운 망상 구조로 흐르는 피 속에서 죽은 세포를 걸러내고 여과한 적혈구를 분해하여 헤모글로빈에서 단백질 성분과 철분을 회수한다. 즉, 헴heme에서 철분을 회수할뿐더러 헴을 대소변을 누렇게 물들이는 색소인 빌리루빈bilirubin으로 바꾸어 간에서 배설한다.

잡은 병원균이나 백혈구, 항체가 증가한 탓에 지라가 부어오르는 수가 있으니, 미생물에 감염되어 전신에 심각한 염증 반응을 나타내는 패혈증에 그런 증상이 보인다. 체온이 38도 이상이나 36도 이하로 내려가는가 하면, 호흡 수나 심박 수가 급하게 오르고 백혈구 수가 증가 또는 감소하는 등, 종잡을 수 없는 병이 패혈증이다. 급성 전염병인 장티푸스나 말라리아, 혈액세포 중 백혈구에 발생한 암의 일종인 백혈병, 간으로 들어가는 혈관인 문맥에 고혈압이 발생하는 반티증후군Banti syndrome에 특히 심하게 부어오른다고 한다.

지라의 중요한 기능은 무엇보다 면역세포의 기능을 돕는 옵소닌opsonin과 결합된 세균이나 항체로 둘러싸인 세균을 혈류로

부터 제거하는 역할이다. 또한 해면구조여서 속에는 아주 작은 혈관이 많이 분포하여 피를 저장해, 외상이나 소화관 같은 곳에 내출혈로 인한 순환 혈액량 저하로 발생하는 출혈성 쇼크에도 대비하니, 이런 때는 지라가 수축하여 저장한 피를 보충해준다. 역시 혈소판을 많이 비축하고 있어서 혈액응고도 돕는데, 외상출혈 말고도 운동적·정신적 긴장이 계속될 때에도 지라가 오그라들어 저장 중인 비장의 혈액을 혈류 속으로 방출한다. 지라는 생명을 결정하는 심장이나 간, 허파 같은 중요한 기관은 아니지만 이렇게 없어서는 안 되는 기관이다. 우리 몸에 어느 것 하나 귀하지 않은 것이 없다.

다시 말하지만 지라는 우리 몸을 침범한 세균이나 외부 단백질을 제거하는 면역 기능을 담당하며, 노화된 적혈구와 혈소판을 포함하는 여러 혈액세포 및 면역글로불린이 결합된 세균을 없앤다. 또한 태아가 5개월까지는 지라에서 적혈구를 만들지만 다 자라면 반대로 쇠한 적혈구를 파괴한다.

백혈구 중 단핵세포單核細胞인 거대 백혈구의 절반을 저장함으로써 우리 몸에서 상처를 입으면 상처 부위로 피를 타고 이동하여 다친 자리를 치유한다. 즉, 단핵세포는 몸 안팎으로 이동하여 대식세포大食細胞로 바뀌어 상처를 치료한다. 지라를 제거하면 백혈구와 림프구가 턱없이 증가하고, 백신에 대한 반응이 줄며, 세균이나 원생동물의 감염과 폐렴이나 심장병이 증가하니, 이는 대식세포의 접근이 어렵게 된 탓이다. 암튼 대식세포나 항체 덕에 살아 있다 생각하니 고맙기 그지없는 지라로다! 사실 아프면 먹는 약이란 그저 도와주는 도우미일 뿐 실제로는 이렇듯 내 몸이 알아서 고쳐내니, 이것이 자가치유이다.

　피를 듬뿍 품고 있는 기관은 지라와 간이다. 필자도 집사람이 산후하혈을 많이 하여 정육점에서 지라를 사다 쪄 먹인 기억이 아직도 생생하다. 비릿한 지라를 칼질하는데 손에 피가 흥건히 묻는 것이……. 그러나 오죽하면 그랬겠는가. 사람을 살려야 하니 어쩌겠는가. 간과 지라에는 철분이 많아 빈혈 치료에 좋다. 채소 중에는 들깨에 철분이 최고로 많이 들었는데 들깻잎의 뒷면이 불그스레한 색을 띠는 것은 철분이 많이 든 탓이다. 모름지기 음식은 두루두루 골고루 먹는 것이 최상이다. 아무리 허접스러워 보이는 반찬에도 나름대로 저마다 긴요한 영양소가 두둑하니 말이다.

울며 겨자 먹기

"울며 겨자 먹기"란 맵다고 울면서도 겨자를 먹는다는 뜻으로, 싫은 일을 억지로 마지못해 하는 것을 비뚜름하게 이르는 말이다. 어찌 세상을 마음에 드는 일만 하고 살 수 있겠는가. 겨자도 억지로 자주 먹다 보면 맛을 들여 인이 박혀버리듯, 맘에 차지 않는 일도 억지로 하다 보면 정이 든다. 인생이란 겨자 먹기다! 사실 코를 톡 쏘며 눈물을 찔끔 짜게 하는 게 겨자인데, 매번 먹다 보니 글을 쓰면서도 언뜻 겨자 생각에 침이 동한다. 겨자의 정체를 파악해야 "울며 겨자 먹기"란 속담을 이해할 수 있을 터!

겨자*Brassica juncea*는 십자화과의 한해살이풀로 아득히 먼 태곳적부터 밭에서 재배했다. 원산지는 중앙아시아 또는 히말라야 산기슭으로 추측하며, 각국에서 널리 재배되었기에 많은 신품종이 만들어졌다. 잎은 깃 모양으로 갈라졌고, 줄기는 1~2미터이며, 봄에 십자 모양의 연노랑 꽃이 총상꽃차례인데 중심축에 꽃대가 있고 무리로 피는 하나하나의 꽃이 짧은 꽃자루에 무더기로 달려 있다. 열매는 원기둥 모양의 꼬투리로 짧은 자루가 있고 안에 황갈색의 씨가 들어 있다.

겨자씨를 개자芥子라고도 한다. 흔히 우리가 알고 있는 노란 겨자는 꼬투리에서 겨자씨를 발라 가루로 내어 물, 소금, 레몬즙, 식초를 섞어서 누런색의 겨자를 만든다. 씨로는 기름(지방유 37퍼센트 정도가 들어 있다)을 짜기도 하며 잎도 먹는다. 생잎은 밀폐용기에 담아 냉장보관하고 씨는 가루 내어 역시 밀폐용기에 담아 실온에 보관한다. 씨에 든 배당체倍糖體는 특유한 향기와 매운맛을 내니, 강렬하고 매콤한 맛을 내는 시니그린sinigrin과 자극적인 맛의 미로신myrosin 탓이다.

겨자는 소스, 드레싱, 치즈, 생선요리, 육류요리에 쓰고, 냉면이나 겨자냉채, 해파리냉채에도 쓴다. 또 샌드위치, 샐러드, 햄버거, 핫도그 같은 서양요리에 두루 넣으니 그야말로 약방의 감초인 셈이다. 그 밖에도 식욕증진, 동상, 만성류머티즘, 신경통 완화에도 쓰인다고 한다. 필자도 식욕을 돋우는 겨자를 무척 좋아하여 육개장에까지 넣어 먹는다. 그런데 겨자가루는 찬 액체와 섞어야 한다. 뜨거운 액체와 섞으면 열이 발생하여 휘발성의 매운맛이 사라지기 때문이다. 손이 매운 요리사를 '훌륭한 화학자'라 부르는 까닭을 알 만하다.

이제 겨자와 같이 십자화과의 여러해살이풀인 고추냉이*Wasabia koreana*를 논할 차례다. 학명의 종소명인 *koreana*에서 알 수 있는 것처럼, 이 식물은 울릉도가 원산지인 한국 특산 식물로 울릉도와 일본 북부지역에 자생하며 맑은 물이 흐르는 골짜기나 물기 많고 그늘진 곳에서 자란다. 굵은 원기둥꼴의 땅속줄기가 있고, 거기에서 나온 잎은 심장 모양으로 길이와 너비가 각각 8센티미터와 10센티미터로 가장자리에 불규칙하게 자잘한 톱니가 있다. 5~6월에 흰 꽃이 피고 꽃잎은 네 개로 긴 타원형이며, 수술 여섯 개 중 네 개가 길며 암술은 한 개다. 열매는 견과堅果로 약간 굽었고 끝이 부리처럼 생겼다. 봄에 뽑아 포기째 김치를 담가 먹으며, 한방에서는 봄에 땅속줄기의 잔뿌리를 말려 신경통에 바르며 향신료나 방부제, 살균제로도 쓴다. 땅속줄기에 겨자와 마찬가지로 시니그린이 있어 매운맛을 낸다. 강원도 일대 고랭지에서 재배를 시도하고 있으며, 다방면으로 효능과 용도를 개발하려고 노력하고 있다.

다음은 일본고추냉이*Wasabia japonica*를 볼 차례다. 한국의 고추냉이와 한속으로 아주 가까운 유연관계에 있다. 흔히 일본 음식점에서 생선회와 같이 나오는 와사비Wasabi는 본 종의 속명인 *Wasabia*에서 온 말임을 짐작할 것이다. 서양고추냉이나 양배추도 한통속으로 십자화과이며, 강한 향을 내는 일본고추냉이 뿌리는 고추의 매운맛인 캡사이신보다는 겨자에 더 가까워 혀보다는 코에 자극을 주고 톡 쏘는 매운맛이 오래 머물지 않고 빨리 없어지는 특징이 있다. 한국 고추냉이와 쌍둥이라 깊은 산골짜기의 개울가나 근방의 습지에 자생한다.

와사비는 뿌리째 팔기도 하지만 말려 가루를 내거나 치약처럼 튜브에 넣어 식당에서 쓰기도 하고, 생선을 찍어 먹기도 하며 초밥을 만들 적엔 밥과 생선조각 사이에 쟁여 넣기도 한다. 고추냉이의 뿌리세포에서 내놓는 이소티오시아네이트isothiocyanate란 물질은 미생물이나 구강박테리아 번식을 억제한다. 결국 생선이나 초밥에 이것을 쓰는 것은 맛도 맛이지만 부패 예방이 가장 큰 목적이며 초밥에 식초를 끼얹는 것도 같은 원리다.

일본고추냉이는 재배가 어려워서 일본에서도 나가노 현을 비롯한 서너 곳에서만 재배되는데, 주로 중국, 대만, 뉴질랜드 등지에서 수입한다고 한다. 우리 입장에서 섣불리 흉볼 일은 못 되지만, 값이 이를 데 없이 비싼 탓에 엉큼한 일본 사람들도 서양고추냉이와 겨자, 녹말과 푸른 색소를 두루 버무려서 내다 파니, 특별한 경우를 제외하고는 진짜 와사비를 먹어보기란 하늘의 별따기란다. 걸핏하면 거짓부렁이가 판치는 세상이니 알고나 속자.

그렇다면 이런 여러 향신료들이 왜 톡 쏘는 맛에 맵기까지 할까? 사람 먹으라고? 천만의 말씀이다. 겨자의 시니그린, 후추에 든 피페린piperine, 고추의 캡사이신, 마늘의 알리신allicin 같은 향신료들은 하나같이 제 몸을 보호하기 위해 생성한 방어 무기로, 미생물은 물론이고 곤충 따위의 포식자가 달라붙어 갉아먹고 뜯어먹지 못하게 하기 위해서 만들어졌다. 비단 뿌리나 씨앗만 아니라 잎사귀도 마찬가지다. 중국 남부나 대만, 동남아 더운 지방의 음식에 허브향이 진한 식재를 듬뿍 넣는 것도 마찬가지인데, 하나같이 제 살자고 만든 물질을 영리하고 영악한 사람이 빼앗아 쓸 따름이다. 우리가 많이 먹는 산초나 제피, 배초향(방아)과 마늘도 나름대로 음식의 부패를 막으며, 식물이 내뿜는 냄새까지도 모두 침입자를 가까이 오지 못하게 하기 위함인 것이다.

이런 염병할 놈!

　예전 사람들은 전쟁과 돌림병에 몸서리를 쳤다. 흉흉한 돌림병 중에 염병이라는 것이 있었으니, 이는 장티푸스를 속되게 이르는 말로 전염성이 있는 돌림병을 뜻하며 흔히 장질부사腸窒扶斯라고 쓴다. 욕설로 많이 쓰는 "이런 염병할" 또는 "염병할 놈"이란 바로 장티푸스에 걸려 죽을 놈이라는 고약한 말이다. 염병에 걸리는 것은 생각하기조차 싫은 끔찍한 일이었다. 병의 특성을 알면 왜 이 말이 욕이 되었는지 짐작할 수 있다.

　옛날엔 위생관념이 철저하지 못한 탓도 있지만 수리시설이 갖추어져 있지 않아 조금만 비가 와도 홍수가 지고 잠시만 비가 오지 않아도 가뭄이 들었다. 따라서 기아에 허덕이고 면역력이 떨어져 쉽게 전염병이 돌았다. 그 가운데 가장 참혹한 것이 온역瘟疫으로 불리는 장티푸스인데, 이 병은 삽시간에 고열을 일으키고 설사를 유발해 죽게 만든다. 고열 탓에 뜨겁다는 뜻의 '온溫' 자를 써서 온역이라 하였고, 전염성이 워낙 강했기에 옮긴다는 뜻의 '염染' 자를 써서 '염병'이라고 하였다. 그러니 장티푸스, 장질부사, 온역, 염병은 같은 병이렷다.

"염병을 떨다"는 엉뚱하거나 나쁜 짓을 함을, "염병에 땀을 못 낼 놈"은 염병을 앓으면서도 땀도 못 내고 죽을 놈을 비유적으로 이르는 말이다. "염병 치른 놈의 대가리 같다"는 염병을 앓고 난 뒤에 머리카락이 없어지는 것처럼 아무것도 없게됨을, "남의 염병이 내 고뿔만 못하다"는 남의 괴로움이 아무리 크다 해도 자기의 작은 괴로움보다 못함을 이르는 말이다. 이처럼 여러 속담이 있는 것을 보면 염병은 옛날부터 흔했고 무서운 유행병이었던 것이 틀림없다.

하늘이 무너지고 땅이 꺼질 일이다. 한번 퍼졌다 하면 마을을 순식간에 쑥대밭으로 만드는 공포의 병이었던 염병은 워낙심한 고열이 나기에 병을 앓고 나면 머리털이 숭숭 다 빠진다. 실제로 어릴 적에 시골 마을에 이 병이 돈 적이 있었으니, 방구석에서 앓느라 얼씬도 않던 친구 하나가 불현듯 대머리가 되어 나타나 친구들을 놀라게 하였다. 목숨이 모지게 질긴 필자는 다행히 이 몹쓸 병에 걸리지 않고 살아남아 여태 버티고 사니 기적이라 하겠다. 원시생활을 했던 그때 그 시절에 무슨 놈의 예방접종이 있었으랴……. 그러나 이런 병 끝에 예후만 좋으면 자연면역이 되어 다시 걸리지 않았다.

장티푸스는 세균의 일종인 살모넬라 타이피Salmonella typhi가 장을 통해 몸속으로 침투하는데, 살모넬라균에 감염된 환자나 보균자의 대소변에 오염된 음식이나 물을 먹었을 때 옮게 되고 파리 따위의 곤충이 매개한다. 살모넬라는 간균桿菌이며, 지름 0.8~1.5마이크로미터, 길이 2~5마이크로미터로 편모를 가진, 운동성이 있는 혐기성 대장세균anaerobic enterobacteria으로 포자를 형성하지 않는다.

몇 시간에서부터 하루 동안의 잠복기 후에 창자 벽에서 번식하여 대장염으로 인한 설사를 일으키는데, 특히 유아는 탈수증을 조심해야 한다. 발병 첫 주에는 발열로 체온이 서서히 상승하고, 둘째 주에는 복통과 피부발진이 나타나면서 백혈구 수가 줄고 기침이 나며 열이 섭씨 40도까지 오르고 배가 불러오며 간과 비장이 붓고 하루에 6~8번 설사를 한다. 오한, 두통, 권태감, 식욕감퇴, 구토에다 심지어 내장출혈도 생기는 수가 있으니 몸은 말 그대로 젖은 솜처럼 천근만근이 되고, 가슴팍과 배에 장미 모양의 발진인 '장미진rose spots'이 담뿍 난다.

지금도 세계적으로 3000만 명이 넘게 이 병에 걸려 60만 명이나 추풍낙엽으로 죽는데 영아나 5~9세의 어린이가 주로 걸린다. 상하수도 정비와 같은 공중위생 정책과 더불어 개인적으로는 대소변 후에 손을 깨끗이 씻고 물을 끓여 먹어야 예방이 가능하다. 살모넬라균은 몸 밖에서 몇 주를 죽지 않고 견디며, 얼려도 죽지 않는다. 최소한 섭씨 60도에서 12분간 두면 죽는데, 확실히 살균을 하기 위해서는 최소한 섭씨 75도에서 10분간 두는 것이 안전하다.

다음 대상 중 위험요인 및 접종환경 등을 고려하여 제한적으로 접종할 것을 권장한다. 장티푸스 보균자와 밀접하게 접촉하는 사람, 장티푸스가 유행하는 지역으로 여행하는 사람 및 파병 군인, 장티푸스균을 취급하는 실험실 요원, 식품위생 접객업소 종사자들이다. 따라서 장티푸스 예방접종의 경우 모든 국민을 대상으로 반드시 접종하는 것은 아니며, 감염의 우려가 높은 고위험군에 속하는 경우에는 의사와 상담하여 접종한다. 발병 시에는 암피실린ampicillin, 클로람페니콜chloramphenicol 등의 항생제를 쓰는데, 항생제가 없을 때는 사망률이 10~30퍼센트였으나 지금은 1퍼센트대로 떨어졌다고 한다.

고마운 알렉산더 플레밍Alexander Fleming! 그는 알다시피 항생제의 효시인 페니실린을 처음 만든 사람이다. 무엇보다 항생제가 없다면 사람들이 이렇게 건강하게 오래 살지 못할 것이다.

당장 저 많은 병실에 누워 있는 환자들에게 항생제를 처방할 수 없다면? 불문가지로다. 물론 필자도 어릴 적에 페니실린을 맞고 심한 폐렴에서 구사일생한 적이 있다. 고맙습니다, 플레밍 경! 세계 3대 발명을 전기, 인터넷, 바퀴라고 한다는데 항생제도 거기에 버금가지 않을까 싶다.

이런 장질부사 말고도 쌍둥이꼴인 호열자虎列刺라 부르는 콜레라가 있는데, 역시 세균의 일종인 콜레라균이 얄미운 주범이다. 감염되면 설사와 탈수 증세를 보이는데, 대한민국에서는 제1종 법정 전염병으로 지정되어 있다. 잠복 기간은 보통 2~3일이며 빠르면 몇 시간 만에 나타나기도 한다. 잠복기가 지난 후 허여멀건한 설사가 갑자기 시작되니 하루에 자그마치 20~30차례 화장실을 가고, 심한 경우 구토, 발열, 복통이 있으며 극심한 설사로 심한 탈수현상이 일어나니 서둘러 치료하지 않으면 사망할 수도 있다.

아무튼 지금 사람들은 옛날에 비해 호강에 겹다. 그때는 서럽게도 못 먹고 못 살았으며, 애처롭게도 단명하지 않을 수 없었다. 세상 잘 타고난 것도 제 복이지만 말이지.

새우 싸움에 고래 등 터진다

옛날에는 새우를 한자로 '하蝦'나 '하蝦'로 썼으며, 우리말로는 사이, 사요, 새오라 하였다. 오늘날은 새우가 표준어이고 방언에 새비, 새오, 새우지, 쇄비 등이 있으니, 필자는 어릴 적에 '새비'로 불렸고 그 말밖에 몰랐다.

새우는 여러 속담에서 엿보듯 약자나 등 굽은 꼽추의 대명사로 통한다. '경전하사鯨戰蝦死'라, "고래 싸움에 새우 등 터진다"는 강자 등쌀에 약자가 아무런 상관없이 화를 입음을, "새우 싸움에 고래 등 터진다"는 반대로 아랫사람의 다툼에 윗사람이 다치는 상황을 비유적으로 이르는 말이다. '이하조리以蝦釣鯉'라, "새우로 잉어를 낚는다"는 적은 밑천을 들여 큰 이익을 얻음을 빗댄 말이며, "새우 벼락 맞던 이야기를 한다"는 다 잊어버린 지난 일을 들추어내면서 쓸데없는 이야기를 함을 이르는 말이다. 또한 "새우 잡으려다 고래를 놓친다"는 보잘것없는 것을 구하려다가 큰 것을 놓침을 빗댄 말이다. 목적한 바를 얻지 못하고 쓸데없는 것만 얻게 되는 경우를 "고래 그물에 새우가 걸린다"라고 하고, 잠자리가 비좁거나 추워서 등을 구부려 옹송그리고 자는 잠을 "새우잠"이라고 한다. 요새 사람들은 필자처럼 하루도 빼지 않고 컴퓨터 앞에 달라붙어 글을 쓰고 일하느라 다들 "거북이 목"에 구부정한 "새우 등"이 되었다.

새우는 어딘지 모르게 매무새가 앙증맞고 살가운 것이 더없이 맵시 나는 동물이다. 새뜻하고 단아하며 고졸하다고나 할까. 새우는 몸에 마디가 많이 난 절지동물문, 다리가 다섯 쌍 달린 십각목의 갑각류로 전 세계에 2500여 종이 있다. 담수, 기수, 해수에 분포하고 단독 또는 무리를 지어 사는 습성이 있으며 연안을 비롯한 대륙붕 또는 강어귀에 서식한다.

새우는 가재나 게, 바다가재 등과 함께 등딱지가 딱딱(甲)하여 갑각류라 한다. 머리와 가슴이 붙어서 두흉부頭胸部를 형성하는데, 등은 구부정하게 굽었고 복부는 길쭉하며 체표의 키틴질 외골격外骨格은 두껍고 딱딱한 껍데기로 되어 있다. 길쭉한 한 쌍의 눈자루 끝에 새까맣고 동그란 두 겹눈이 부라리고 있다. 무엇보다 두부에 짤따란 제1촉각(앞 촉각)과 길쭉한 제2촉각(뒤 촉각)을 각각 한 쌍씩 갖고 있으며, 제2촉각은 종류에 따라 체장의 거의 두 배에 달하는 것도 있다. 이것으로 냄새를 맡고 맛을 느끼며 접촉하고 먹이를 찾는데, 달팽이도 더듬이가 두 쌍이니 그런 점에서 둘이 무척 닮았다.

남극의 크릴새우가 고래의 먹잇감으로 아주 중요하듯, 새우는 먹이사슬에 중요한 구실을 한다. 대부분 잡식성이고, 수컷이 암컷에 비해 크며, 두 눈 사이로 뻗은 부리라는 뜻의 송곳 같은 이마뿔은 방어와 공격의 무기이다. 이는 종에 따라 두흉갑頭胸甲 길이의 0.7배 정도이며 몸과 거의 수평을 이룬다. 새우는 크게 헤엄치는 것이 대부분이지만 바다가재를 닮은 납작한 몸통에 가시가 수두룩하게 난 닭새우는 벌벌 기어 움직인다.

새우는 암수딴몸으로 수정란이 부화하여 노플리우스nauplius → 조에아zoea → 미시스mysis → 메가토파megatopa의 유생 단계를 내처 거친 연후에 성체가 된다. 배 아래에 수두룩하게 붙은 헤엄다리를 저어서 앞으로 가지만, 가재처럼 잽싸게 뒷걸음질도 한다. 급하면 배를 도르르 말지만 보통은 편 상태이며, 게나 가재는 다리가 강력한 반면, 새우는 연약하고 기름한 걷는 다리로 움직이며 몸을 떠받칠 뿐이다.

우리나라 바다에서 나는 식용 새우에는 대하, 보리새우, 왕새우가 있으며, 이들은 모두 크고 맛이 좋아 소금구이나 고급 요리에 쓰일 뿐만 아니라 새우탕, 구이, 볶음, 튀김, 조림, 된장국은 물론이고 젓갈로도 먹는다. 새우젓은 주로 서해안에서 잡히는 젓새우로 담그는데, 젓새우는 크기가 3센티미터 정도이며 일부 남해 연안에서도 출현한다. 새우젓에는 지방 분해효소인 리파아제lipase가 많이 들어 있어 기름기가 많은 돼지고기를 먹을 때 찍어먹는다. 키토산, 칼슘, 타우린, 고농도의 오메가3 지방산을 함유할뿐더러 요오드와 단백질이 그득 들어 맛이 좋다.

민물에 사는 징거미새우*Macrobrachium nipponense*는 징거미새우과의 갑각류로 몸집에 비해 집게발이 아주 큰 것이 특징인데, 학명의 *Macrobrachium*은 '크다'는 뜻의 *Macro*와 '팔'을 의미하는 '*brachium*'의 합성어이다. 바닥이 진흙이나 모래로 덮인 하천의 돌 틈이나 호수의 수초에 숨어 살며 민물과 바닷물이 섞이는 강 하구에서 살기도 한다. 야행성으로 낮에는 돌덩이 밑이나 틈새에서 지내며 밤에 기어 나와 무척추동물의 유생이나 죽은 물고기 등을 먹고 산다. 몸길이는 보통 5~7센티미터이며, 빛깔은 초록색이거나 청색을 띠는 어두운 갈색이지만 사는 환경에 따라서 조금씩 차이가 난다.

이것 말고도 민물에 사는 것이 있으니 물새우로, 생이, 새뱅이, 애새우, 토하라고도 부르며, 몸길이는 3.5센티미터 정도로 투명하며 빛깔은 황록색이다. 우리나라와 일본에 분포하며 담수나 연못 등의 풀숲에 서식하고 보통 살아 있는 새우에 알맞은 양의 소금을 넣어 '토하젓'을 만든다.

그런데 왜 새우를 굽거나 삶으면 빨개질까? 원인 물질인 아스타크산틴astaxanthin은 일종의 식물화학물질로 게, 새우, 가재 같은 갑각류와 조류, 효모, 연어, 크릴, 새 깃털 등에서 볼 수 있는 카로티노이드carotenoid의 일종으로 단백질과 결합해 여러 가지 색소단백질을 만든다. 그런데 이 색소단백질들은 자못 불안정하여 열이나 유기용매에 쉽게 분해되면서 적색으로 변한다. 이것을 조류나 효모에서 많이 뽑아내어 인공합성도 한다. 연어나 새우 사료에 넣어 색을 내게도 하지만 닭모이에 넣어 노른자의 색을 내게도 하는데, 이는 성장과 생존에도 중요한 역할을 한다. 사람도 이것을 먹으니 항산화는 물론이고 심장질환이나 면역, 소염에 좋고 신경퇴행을 막는다고 한다.

피가 켕기다

2권에서 "피는 물보다 진하다"라는 제목으로 피를 다뤘기에 여기서는 거기에 다 싣지 못한 것을 보충하겠다. 두 꼭지 모두 모아봐야 피에 대한 설명으로는 빙산의 일각이요, "새 발의 피"에 지나지 않지만 말이다. 인터넷에 찾아보니 '피'에 관한 속담과 관용구가 무려 57개나 되어, 그 가운데 일부만 여기 적으니 부담 없이 읽어볼지어다.

북받쳐 오르는 기분이나 감정 따위 혹은 왕성한 젊은 혈기를 가리켜 "피(가) 끓는다"라고 하고, 격렬한 의분을 터뜨릴 때 "피(를) 토한다"라고 한다. 매우 흥분한 상태를 "피가 거꾸로 솟는다"라 하고, 조금도 인정이 없는 이에게 "피도 눈물도 없다"라고 한다. 몹시 괴롭거나 애가 탈 때 "피를 말린다"라 하고, 지식이나 영양분 따위가 소화되어 자기 것이 되는 것을 "피와 살이 되다"라고 한다. "남의 눈에 눈물 내면 제 눈에는 피눈물이 난다"란 남에게 악한 짓을 하면 자기는 그보다 더한 벌을 받게 됨을 비유적으로 이르는 말이다. 이밖에도 "대가리에 피도 안마르다" "핏대를 세우다" 등이 있다.

암튼 피는 생명 그 자체다. 피를 흘려보내는 심장이 멈추는 날에는 속절없이 혼절하여 생명이 멈추고 말지 않는가. 혈액은 혈관을 통해 온몸을 돌면서 산소와 영양소를 공급하고, 이산화탄소, 요소, 젖산 등 노폐물을 운반하여 신장을 통해 배설하며, 내분비기관에서 분비하는 호르몬 운반도 도맡는다. 피는 체중의 약 7~8퍼센트를 차지하므로 성인의 경우 보통 4~6리터가량의 혈액이 온몸을 순환한다.

피는 혈장血漿과 혈구血球로 구성되니, 전체 혈액의 55퍼센트를 차지하는 혈장은 90퍼센트 이상이 물로 이루어져 있으며, 아미노산, 지방산, 포도당, 무기염류, 비타민, 항체 등이 녹아 있고, 나머지 45퍼센트가 세포성분의 혈구(적혈구, 백혈구, 혈소판)로 이뤄져 있다. 또 혈구 성분이 제거된 혈장은 알부민albumin 단백질이 녹아 있어 일반적인 물보다 5배 정도 점도가 높으며 노란색을 띤다. 혈장 내 무기염류 등에 의해 산도pH는 7.35~7.45로 유지되며 삼투압은 0.9퍼센트로 유지된다. 그래서 "피는 물보다 진하다"라고 하는 것이리라.

혈연관계가 있는 사람을 일러 겨레붙이, 피붙이, 살붙이라 한다. "피가 통하며, 피가 켕긴다"라고 하듯이 핏줄이 이어진 골육 사이에는 남다른 친화력이 있어 핏줄은 서로를 부르고 쌍방을 당긴다. 관계가 친소親疎에 따라 끌리는 힘, 잡아당김의 정도가 다르니 이를 근연계수近緣係數 또는 근연도近緣度라 한다. 이는 혈연관계에 있는 두 사람이 피를 공유할 확률을 이르는 말인데, 혈연도라고 부르기도 한다. 어렵게 말하면 대립유전자가 서로 다른 두 개체 사이에 서로 다른 두 개체로 유전될 때 이 대립유전자가 서로 같을 확률을 나타내는 것으로, 한 가계에서 부모로부터 자손에게 동일한 대립유전자가 유전될 확률을 뜻한다. 그런데 "한 대가 삼천리"라고 촌수가 하나씩 아래로 내려갈수록 피, 유전자의 농도는 반(1/2)씩 갑작스레 옅어진다. 그럼 어디 보자꾸나.

복잡한 공식으로 근연도를 계산하는 예를 몇 가지 보자. 부모자식 간에는 유전자가 반반씩 섞여 있으므로 혈연도는 1/2(50퍼센트)이지만 일란성 쌍둥이는 1(100퍼센트)이다. 또 삼촌(외삼촌)·고모(이모)와 조카, 조부모(외조부모)와 친손자(외손자)는 각각 1/4(25퍼센트), 증조부모와 증손은 1/8(12.5퍼센트)이다. 그리고 형제자매 간에는 1/4(25퍼센트), 사촌 1/8(12.5퍼센트), 5촌 1/16(6.25퍼센트), 6촌 1/32(3.13퍼센트), 7촌 1/64(1.57퍼센트), 8촌 1/128(0.78퍼센트), 9촌 1/256(0.39퍼센트), 10촌 1/512(0.20퍼센트)이다.

피는 좁은 모세혈관을 흐르면서도 저항을 작게 받으며 순환하는 특징이 있는데, 헤모글로빈이 적혈구 안에 들어 있지 않았다면 점도粘度가 높아 큰 저항을 받을 뻔했다. 적혈구의 주된 임무는 산소를 녹여 결합하는 것인데, 헤모글로빈은 물보다 약 60~65배 정도 더 쉽게 결합할 수 있다는 장점이 있다. 동물의 헤모글로빈은 산소가 붙었다가 떨어졌다를 가역적으로 반복하는데 산소포화, 즉 산소와 적혈구의 헤모글로빈과의 결합은 저온 상태에서 이산화탄소 양이 감소할 때 높아진다. 온도가 낮으면 공기가 물에 잘 녹는 것처럼 이들도 잘 결합하고, 산소가 많을수록 금세 결합한다는 말이다.

태아의 헤모글로빈은 모체의 것보다 세다. 태아 태반과 모체 태반이 맞닿은 상태에서 고분자인 적혈구가 태반을 통과하지 못한다. 그럼 어떻게 모체의 산소를 태아에게 전할까. 적혈구가 통과하지 않는 대신 태아 헤모글로빈이 모체의 것보다 산소를 잡아당기는 힘이 강하기에 산소만 똑 따온다. 만일 적혈구가 태반을 통과한다면 어떤 일이 일어나겠는가. 어머니는 A형이고 태아는 B형일 때 이들의 피가 섞이는 날에는 난리가 난다. 참신기하고 오묘한 일이라 하겠다.

동물의 호흡색소(혈색소)에는 포유류의 헤모글로빈 말고도 연체동물이나 절지동물에 존재하는 구리를 함유한 헤모시아닌 hemocyanin, 갯지렁이의 혈장 속에 있는 녹색 단백질인 클로로크루오린chlorocruorin, 해양 무척추동물의 산소를 운반하는 보라색을 띠는 헤메리트린hemerythrin 등이 있으며, 멍게의 피에 든 헤모바나딘hemovanadin은 바나듐vanadium이란 물질을 주변의 해수보다 100배나 많이 함유해 산화하면 겨자 같은 누르스름한 색을 띤다. 이로써 생명을 담고 있는 피에 대한 설명을 조족지혈 鳥足之血만큼 보탰을 뿐이다.

임금이 가장 믿고
소중하게 여기는 신하, 고굉지신

팔에 관한 말이다. "팔이 들이굽지 내굽나" "팔은 안으로 굽는다" "잔 잡은 팔이 안으로 굽는다"는 가까운 사람한테 정이 더 감을 비유적으로 이르는 말이다. "미운 파리 잡으려다가 성한 팔 상한다"는 나쁜 것을 없애려고 서툴게 행동하다가 오히려 귀중한 것을 상하게 할 수 있음을, "팔 고쳐주니 다리 부러졌다 한다"란 체면을 생각하지 않고 무리한 요구를 계속함을 이르는 말이다. "한 팔이 되다"는 도움을 주는 중요한 사람이 됨을, "한 팔을 잃다"는 도움이 되는 중요한 사람을 잃음을 이르며, 잔인하고 참혹한 행동을 함을 이를 때 "어린아이 팔 꺾은 것 같다"라고 쓴다. 그 밖에도 "팔을 묶다" "팔을 비틀다" 등 많은 속담과 관용어가 있다.

다음은 다리(허벅지)에 관한 말이다. "한 가랑이에 두 다리 넣는다"란 정신없이 매우 서두르는 모양새를 이르는 말이며, "잠결에 남의 다리 긁는다" "남의 다리에 행전行纒 친다"란 기껏 한 일이 결국 남 좋은 일이 되거나 자기가 할 일은 모르는 채 엉뚱하게 다른 일을 함을 비유적으로 이르는 말이다. 또한 양쪽에서 이익을 보려고 두 편에 다 관계를 맺는 행태를 "두(양) 다리를 걸치다"라 하고, "다리야 날 살려라" "걸음아 날 살려라"는 냉큼 줄행랑 칠 때를 이르는 말이다.

고굉股肱은 다리와 팔로 온몸을 이르며, '고굉지신股肱之臣'이란 임금이 자신의 분신처럼 생각하는 소중한 신하를 이르는 말이다. 『서경書經』 「익직편益稷篇」에 어진 황제로 잘 알려진 순舜임금이 어느 날 신하들에게, "그대들과 같은 신하들은 짐의 팔과 다리요 눈과 귀로 내가 백성들을 돕고자 하니, 그대들이 나를 대신해달라. 나에게 만약 어긋남이 있을 때는 그대들이 나의 잘못을 밝혀 바로잡아 줄 것이요, 겉으로는 순종하는 체하고 속으로는 딴 마음을 먹는 것이 아니라 그 자리에서 직접 충고해달라"고 간곡히 이른다. 비슷한 말로 다리와 손바닥 같은 신하를 이르는 '고장지신股掌之臣', 나라를 떠받치는 신하인 '주석지신柱石之臣', 나라의 안위를 맡은 중신인 '사직지신社稷之臣'이 있으며, '고굉지신'을 줄여서 '고굉'이라고 한다.

더하여 팔이 든 고사성어에 '곡굉지락曲肱之樂'이 있다. 팔을 베개 삼아 잠자는 즐거움이란 뜻으로 가난에 만족하여 그 속에서 즐거움을 찾는 검박한 삶을 빗댄 말이다. 『논어論語』「술이편述而篇」에서 공자孔子는, "나물 밥 먹고 물 마시고 팔을 굽혀 베개 삼아도 즐거움이 그 속에 있나니, 옳지 못한 부와 귀는 나에게 한낱 뜬구름과 같다"고 했는데, 여기서 '곡굉지락'과 '곡굉이침지'라는 말이 나왔다. 고리타분하고 싹수가 노란 가난한 선비의 변명이라 여기지 말지어다. 사실 이 글은 필자도 고교시절 즐겁게 외웠던 글로, 분명 인생길에 지대한 영향을 끼쳤다. 글 한 줄이 한 사람의 성정性情을 바꿔놓는다.

의학적으로 팔은 어깨와 손목 사이를 말하며 팔꿈치를 중심으로 어깨 쪽을 위팔, 손목 쪽을 아래팔이라고 한다. 위팔은 위팔뼈, 아래팔은 굵은 노뼈와 가는 자뼈로 구성된다. 위팔뼈에는 커다랗고 땡땡한 근육인 이두박근과 삼두박근이 붙어 있어 수축과 이완을 하여 팔을 움직이게 한다. 물론 손도 팔의 일부분이다.

여태까지 팔 이야기였고 이제부터는 다리 차례다. 다리 중에서도 허벅지는 대퇴大腿라 하는데, 골반 아래 엉덩이관절과 무릎관절 사이를 말한다. 허벅지에 관련된 고사성어로 '현두자고懸頭刺股'가 있다. 머리를 매달고 허벅지를 찔러가며 공부하는 모습을 일컫는데, 필자가 학생들에게 늘 타이를 적에 썼던 말이다. 예나 지금이나 글공부란 늘 힘이 부치고 지루하긴 매한가지다. 옛 선비들 중에도 머리를 천장에 끈으로 매단 채 학습하거나 심지어 졸릴 때마다 허벅지를 송곳으로 찔러가며 면학하였다고 한다. 아무렴, 아침은 거듭 오지 않고 청춘은 두 번 다시 찾아오지 않으니, 젊을 적에 서둘러 학문을 닦을지어다. 그렇지 않으면 나중에 분명 후회하게 될 터이다.

다들 잘 아는 주자朱子의 『주문공문집朱文公文集』 「권학문勸學文」에 나오는 말씀으로, "젊은이는 늙기는 쉬우나 학문을 이루기 어려우니 촌음의 시간도 가벼이 보내서는 안 될 것이다. 연못가 봄풀의 꿈이 채 깨기도 전에 계단 앞 오동잎은 이미 가을 소리를 내는구나." 필자도 얼마 남지 않은 여생을 "죽은 뒤에야 일을 그만둔다"란 말을 염두에 두고 글을 쓴다. 언제 죽을지 모르지만 죽어야 글쓰기를 그만둔다는 말이렷다.

'할고담군割股啖君'이란 넓적다리를 베어 임금에게 먹인다는 뜻으로, 충신은 제 몸을 죽여서까지 임금을 섬겨야 한다는 뜻이다. 춘추전국시대 진문공晉文公은 춘추오패春秋五覇 중 한 사람으로 서슬이 시퍼렇게 천하를 호령하였지만, 그가 왕위에 오르기 전 지체가 높은 집안의 아들인 공자의 신분이었을 때는 그리 평범한 삶이 아니었다. 어느 날 배가 하도 고파 헛것이 보일 지경에 놓였을 때 신하 개자추介子推가 어디서 생겼는지 고깃국 한 그릇을 바쳤고, 나중에 알고 보니 맛나게 먹은 그 고깃국은 개자추의 허벅지살이었다.

또 '할고료친割股療親'이란 말이 있으니, 효자가 부모의 병을 고치기 위하여 자기 허벅다리의 살점을 베어내 먹인다는 뜻으로 효행을 비유한다. 언뜻 이해가 잘 안 되는 고관절이란 말도 자주 듣는데 이것은 엉덩이관절을 뜻한다. 고관절은 절구통 모양의 골반뼈와 공이ball꼴의 둥근 넓적다리뼈머리가 이루는 관절로 골반을 통해 전달되는 체중을 지탱하고 걷기나 달리기를 하게 한다.

이가 없으면 잇몸으로 산다는 것은 옛말이고, 틀니나 임플란트로 대신하는 세상이다. 글쎄다, 팔이 없으면 다리로 산다 하면 믿겠는가. 한데 두 팔을 잃은 사람의 두 발이 손 대신 맘대로 제 몫을 다하는 동영상을 여러 번 보았다. 신기하게도 요리하기, 바느질하기, 밭일하기, 트럼프놀이 등등 못하는 것 없더라!

팥으로 메주를 쑨대도 곧이듣는다

"콩 심은 데 콩 나고 팥 심은 데 팥 난다"는 모든 일은 근본에 따라 거기에 걸맞은 결과가 나타남을 비유적으로 이르는 말이다. "콩이야 팥이야 한다" "콩 심어라 팥 심어라 한다"란 대수롭지 않은 일에 지나칠 정도로 간섭함을 빗댄 말이며, "콩을 팥이라 해도 곧이듣는다" "팥으로 메주를 쑨대도 곧이듣는다"는 남의 말을 곧이곧대로 잘 믿음을 이르는 말이다. "누워서 떡을 먹으면 팥고물이 눈에 들어간다"란 자기 몸 편할 도리만 차려서 일하면 도리어 제게 해롭다는 뜻이며, "콩 튀듯"이란 몹시 화가 나 펄펄 뛰는 모양새를 이르는 말이다. 이처럼 콩과 팥에 얽힌 말이 많은데 그만큼 우리의 식생활과 무척 가깝다는 뜻이렷다.

팥Phaseolus angularis은 속씨식물문 쌍떡잎식물강 장미목 콩과의 한해살이풀이다. 원산지는 중국으로 추정하며 주로 우리나라, 중국, 일본에서 재배되는 특이한 작물로, 소두小豆, 적소두赤小豆, 홍두紅豆라고도 한다. 키는 50~90센티미터로 줄기가 곧게 서는 보통 팥과 덩굴성인 덩굴 팥으로 구별되며, 전자는 줄기의 형태도 콩과 비슷하나 콩보다 다소 가늘고 긴 약골이라 쓰러지기 쉽다. 잎은 어긋나기를 하고 달걀 또는 마름모꼴인 소엽小葉 3개로 된 겹잎이며, 긴 잎자루의 밑에 작은 턱잎이 있다.

잎겨드랑이에서 누른 긴 꽃자루가 4~6개 나오며, 콩 꽃보다 큰 2~3쌍의 작은 나비를 닮은 꽃이 달리며 제꽃가루받이를 한다. 꼬투리는 길이 10센티미터 정도의 가늘고 긴 원통형이고, 속에 종자가 3~10개 들며, 종자 껍질의 색깔에 따라 붉은 팥, 검정 팥, 푸른 팥, 얼룩 팥 등으로 구별한다. 씨껍질의 붉은 색소는 항산화제로 알려진 안토시안anthocyanin이다.

뿌리는 콩과 비슷하나 뿌리혹의 질소고정窒素固定은 콩만 못하다. 콩과 팥은 모두 콩과식물로 이들은 대기 중의 질소를 고정하는 질소고정세균을 뿌리혹에 넣고 있어서 질소가 부족해도 자랄 수 있다. 땅콩, 콩, 팥, 토끼풀, 아까시나무, 싸리나무, 등나무, 칡 같은 콩과식물 뿌리에 있는 질소고정세균은 숙주식물에서 받은 영양분으로 살아가면서 질소를 고정하여 숙주에게 주는 식물과 세균의 공생이다.

먼저 콩과식물이 뿌리혹세균을 뿌리에 살포시 넣으려고 뿌리털에 가는 필라멘트filament를 슬며시 뻗어 그 끝에다 세균이 들어올 수 있게끔 작은 구멍을 내어둔다. 뿌리혹세균은 엿보고 있다가 무릎걸음으로 다가가 서성대다가 제꺼덕 필라멘트를 뿌리털 안으로 뻗어 넣어 잽싸게 서로 달라붙으니 이를 융합이라 하는데, 일단 세균이 안에 들고 나면 서둘러 뿌리털 끝의 문을 찰깍 닫아버린다. 뿌리혹세균은 이제 널따란 삶터를 마련했으니 번식하는 일만 남았다. 그런데 식물과 세균 사이에는 서로를 알리고 알아내는 그들만의 신호 물질이 있어서 정해진 식물에 일정한 짝꿍 세균만이 사는 종특이성을 보인다. 즉, 땅콩과 싸리나무에 사는 뿌리혹세균이 서로 다르다는 말이다.

일단 뿌리에 들어가 자리를 잡은 세균은 재빠르게 쑥쑥 늘어나 뿌리에 이렇듯 무더기로 뿌리혹을 만든다. 이들 세균은 뿌리에서 받은 전자電子로 공중의 유리질소를 붙잡고, 니트로게나아제nitrogenase란 효소로 식물이 바로 쓸 수 있는 암모늄이나 유기질소로 환원하니 이것이 질소고정이다. 이런 엄청난 일은 오직 질소고정세균만이 해내며, 뿌리혹세균과 콩과식물은 죽이 맞고 서로 떠받들며 사는 숙명적 관계요 우주 같은 인연이다. 정말 유별나고 영민한 뿌리혹세균으로 보통내기가 아니다.

이렇게 콩과식물의 뿌리는 대기의 78퍼센트로 공중에 어마어마하게 널려 있는 질소를 고정하는 커다란 비료공장인 셈인데, 사람들이 비싼 돈을 들여 이들을 흉내 내고 있으니 화학비료공장과 질소비료가 그것이다. 과학자들은 비싼 질소비료를 어지간히 덜 쓰고 농사를 짓겠다고 이 세균의 '질소고정 유전인자'를 떡하니 벼나 밀 등의 곡식에 집어넣어 스스로 질소를 고정하는 식물 만들기를 시도하고 있다 한다.

우리나라에서도 예부터 동지冬至를 설에 버금가는 '아세亞歲'라 부르며 작은 설로 여겼다. "동지가 지나야 한 살을 더 먹는다"고 하였으니 새알심을 넣어 끓이는 동지팥죽을 먹으면 나이 한 살을 더 먹는 것이었다. 동짓날 팥죽을 끓여 먹는 것은 중국의 물의 신, 공공共工의 자식이 동짓날에 죽어 전염병을 일으키는 역귀疫鬼가 되었는데, 그가 생전에 싫어하던 붉은팥으로 죽을 쑤어 멀리 쫓는 중국의 풍습이었다고 한다. 또한 동짓날에 팥죽을 쑤어 대문이나 장독대, 곳간, 방 등 동서남북에 뿌리면 역신疫神을 쫓고 재앙을 면할 수 있으며 잔병을 없앤다고 여겼다. 이사하거나 새집을 지을 때도 팥죽을 쑤어 집 안팎에 뿌리고, 병이 나면 팥죽을 쑤어 길에 뿌리기도 하였는데, 이것은 팥의 붉은색이 병마를 쫓는다고 여겼던 탓이다.

이제 팥죽 쑤기다. 팥이 물컹해지도록 흠씬 삶아 건져서 굵은 체에 대고 문지르면, 껍데기는 체에 남고 아래에 고운 앙금이 생기는데, 여기에 쌀을 넣고 중간 불로 뭉근히 쑤다가 찹쌀가루를 끓는 물을 쳐 가며 반죽하여 둥글게 빚은 경단처럼 만든 '옹심이'라고도 하는 새알심을 넣고 다시 끓인다. 새알심이 떠오르고 팥죽색이 짙어지면서 걸쭉해지면 소금 간을 한다. 동지팥죽의 새알심은 가족의 나이 수대로 넣어 먹기도 한다. 어디 그뿐일라고. 쓸모가 많으니 한국에서는 오곡밥, 찰밥, 팥밥, 팥죽, 팥빵, 호빵, 붕어빵, 팥빙수, 시루떡, 바람떡, 팥떡, 팥단자, 송편에 팥고물이나 팥소로 쓰고, 중국 월병月餅과 일본 모찌에도 잔뜩 넣는다.

팥에는 탄수화물이 약 55퍼센트, 단백질 21퍼센트, 지방이 0.7퍼센트가 들어 있으며, 탄수화물 30퍼센트, 단백질 40퍼센트, 지방 20퍼센트인 콩에 비해 단백질이 적고 탄수화물이 많은 편이다. 그래서 팥이 탄수화물성이라면 콩은 단백질 체질이다.

캥거루족은 빨대족?

캥거루족이란 자립할 나이가 되었는데도 취직하지 않거나 취직해도 제 힘으로 생활하지 않고 부모에게 경제적으로 의존하는 20~30대 젊은이들을 일컫는 용어로 우리나라 신조어이다. 캥거루족은 태반 발달이 미비하여 새끼가 미성숙 상태에서 태어나 어미 배에 있는 육아낭育兒囊에서 성장하는 캥거루의 특이한 생태를 빗댄 데서 유래한 말이다. 이런 캥거루족은 한국뿐 아니라 세계 각국에도 있으니, 미국에서는 중간에 낀 세대라 하여 '트윅스터twixter', 프랑스에서는 '탕기Tanguy', 이탈리아에서는 '맘모네mammone', 영국에서는 '키퍼스kippers', 캐나다에서는 '부메랑 키즈boomerang kids', 독일에서는 '네스트호커Nesthocker', 일본에서는 '패러사이트 싱글parasite single' 등이라 한다. 우리나라

에서는 멀쩡한 자식이 부모의 연금과 소득에 빨대를 꽂아 빨아 먹고 산다고 하여 '빨대족'이라고도 하며, 부모에게서 독립했다가 다시 집으로 복귀하는 자식이나 유학·이민 등으로 외국에서 대학을 졸업한 뒤 일자리를 찾아 국내로 들어오는 젊은이들을 일컬어 '연어족'이라고도 부른다. 암튼 생물의 특성을 잘도 따서 기발한 이름을 창제하는구나!

캥거루Kangaroo는 캥거루목 캥거루과의 포유동물로 주머니가 있다고 하여 유대류有袋類라 부른다. '마크로포드macropods'라고도 부르는데 이는 '발바닥이 크다(넓적하다)'는 뜻이다. 고양이만한 것에서부터 큰 개만 한 것까지 다양하며, 덩치가 가장 크고 털이 붉은 붉은캥거루 수컷은 체장이 약 2미터, 꼬리길이가 약 1미터에 달한다. 하나같이 코가 길고, 몸집에 비해 작은 머리와 좁은 얼굴에 긴 타원형의 귀가 있으며, 몸에는 부드러운 털이 촘촘히 나 있다.

호주의 토주대감 캥거루는 호주의 상징이다. 머리나 앞가슴이 작고 앞다리는 짧은 것이 약하고 왜소하지만 유난히 뒷다리와 꼬리는 무척 발달했다. 특히 꼬리는 아주 길고 튼튼하여 두 뒷다리와 함께 삼각다리로 체중을 싣는 중요한 역할을 한다. 자유로운 앞다리로는 물건을 잡거나 상대를 매몰차게 밀어 제친다. 뒷발은 좁고 길며 빨리 움직일 때는 힘센 뒷다리로 껑

충껑충 뛰는데, 한 번에 5~8미터 정도 뜀뛰지만 최대 13미터까지도 점프한다고 하니 멀리뛰기 선수들은 나와서 좀 배워라. 먼 거리는 보통 시속 40킬로미터로 펄쩍펄쩍 뛰며 달리지만 짧은 거리에서는 시속 70킬로미터로 내닫기도 한다. 캥거루 뒷다리의 유연한 인대와 근육이 스프링 같아서 뛰어다닐 때 소모되는 에너지를 최소화할 수 있다.

캥거루는 낮에는 시원한 나무 그늘에서 쉬고 밤에 활동하는 야행성이다. 사람들의 손에 유입된 호주 들개 딩고dingo나 여우, 고양이들이 포식자이다. 호주 사람들은 캥거루를 사육하지 않으며 살코기나 껍데기를 얻기 위해 야생 캥거루를 수렵할 뿐이다. 대형 종은 큰 문제가 없으나 소형 종은 애석하게도 절멸 위기에 처했다고 한다.

캥거루는 소나 양처럼 반추위反芻胃를 가져 뜯어 먹은 풀을 토해 되새김질하는데, 종에 따라 먹잇감은 달라도 철저하게 초식을 한다. 소과 동물은 소화 결과 메탄가스를 많이 내놓아 '온실효과'로 환경을 나쁘게 하지만 캥거루는 그렇지 않아서 학자들은 캥거루의 내장 미생물을 소 위에 옮기면 어떨까 하고 관심을 보이고 있다.

발정기에는 암놈을 차지하기 위해 수컷들이 바락바락 싸워대니 그 모습이 마치 권투를 하는 것 같아 '캥거루 복싱'이라고도 한다. 소나 호랑이 등 많은 동물의 수놈처럼 암컷의 오줌 냄새를 맡고 입술을 벌리는 '플레멘 반응Flehmen response'을 보이며, 며칠 동안 암놈의 몸을 살갑게 핥거나 긁고 문지른 다음 신방을 차린다.

캥거루는 새끼를 한 마리만 낳으며, 임신 후 31~36일경에 새끼를 조산早産한다. 새끼는 아직 눈을 뜨지 못한 벌거숭이로 털이 없는데, 이때는 단지 앞다리만 제대로 발생한 상태로 앞발로 안락한 보금자리인 보육낭에 기어올라(3~5분 소요) 젖꼭지를 잡아 문다. 태어날 적 크기가 지름 1.5~2센티미터 정도인데, 보통 180~320일간 주머니에 머문다. 새끼를 낳는 날 말고는 언제나 임신 가능하지만 보자기 속의 형이 떠나기 전까지는 동생 배胚가 발생하지 않으니 이를 휴면기라 한다. 새끼들은 주머니를 벗어난 후에도 한동안 어미 주변을 떠나지 않고 맴도니 말 그대로 '캥거루족'이다. 캥거루는 앞니로 짧은 풀을 뜯고 어금니로 잘게 갈아 먹는데 어금니는 규소 탓에 잘 마모된다. 그 때문에 어금니가 앞으로 점점 이동하다가 빠져버리고 연이어 새것이 생겨 빈자리를 메우는 다환치성多換齒性인데 코끼리와 바다소(해우), 악어 등에서 볼 수 있다.

우리는 길가에서도 목만 쏙 내민 사람 캥거루를 자주 만난다! 아기를 가슴팍에 안고 다니는 젊은 엄마나 아빠 말이다. 인

큐베이터에서 자란 미숙아의 건강과 성장을 위한 '캥거루 요법 kangaroo care'이라는 것이 있으니, 새끼를 배 안에 넣어 키우는 캥거루 같다고 하여 그렇게 부르는 모양이다. 최근 국내에서도 시작하였다고 하는데, 효과를 높이려면 엄마가 윗옷을 벗은 채 맨몸으로 신생아를 심장 부근에 놓고 감싸 안아 자궁과 비슷한 환경을 만들어주면 된다.

정글의 법칙, 약육강식

열대우림은 세계에서 가장 울창한 숲의 하나로 육지 면적의 약 10퍼센트 정도를 차지한다. 그러나 근래 와서 삼림 및 농경지의 개발로 서서히 감소하는 추세다. 다시 말해 사람들이 농사를 짓거나 목재를 얻기 위해 벌목하니 이런 삼림 파괴 행위로 '서식지 단편화habitat fragmentation'가 생겨나고 있다. 열대우림이란 흔히 말하는 밀림 또는 정글로, 적도우림赤道雨林이라고도 한다. 해안에는 흔히 홍수림紅樹林이라고도 부르는 맹그로브mangrove가 밀생하고 있으며, 아프리카의 기니 연안과 콩고 분지, 인도 남부와 말레이 지방 및 뉴기니, 남아메리카의 아마존 강 유역과 카리브 해 남부 연안이 중심 지역이다. 아마존의 대밀림은 셀바스selvas, 동남아시아의 밀림은 정글이라고 한다.

남미 브라질에 있는 아마존 열대우림은 세계에서 가장 다양한 생물(種)이 사는 곳이다. 적도를 중심으로 남·북위 28도에 있는 생태계를 열대우림이라 이르는데, 고온에 강수량이 많고 평균기온이 1년 내내 18도 이상이다. 강우량이 175~200센티미터이며 세찬 소나기 스콜이 봇물처럼 도도히 쏟아지기에 건 토양성분이 산지사방으로 씻겨나가 척박한 박토가 되기 쉽다. 진짜 열대우림은 1년 강우량이 800센티미터를 넘고 한 해 평균기온이 24도를 넘는 곳을 이른다고 한다.

40~75퍼센트의 고유한 특산 생물종이 살고 있어서 생물 다양성이 아주 높으며, 지구 동식물의 반이 여기에 살고 꽃식물의 3분의 2가 자생한다. 1헥타르, 즉 1만 제곱미터에 적어도 4만 2000종의 곤충, 313종에 이르는 807그루의 나무와 1500종의 풀이 살고, 퍽이나 영험靈驗 있는 약초의 4분의 1이 자생하기에 '세계에서 가장 큰 약국'이라고도 불린다. 그러나 아직도 수백만 종의 식물, 곤충, 미생물이 밝혀지지 않은 것으로 본다. 여기에는 극락조나 앵무새 같은 아름다운 깃털을 지닌 새들과 덩치 큰 오랑우탄, 침팬지 같은 영장류가 서식하며, 밀림 사이를 흐르는 강이나 늪지에는 악어와 크고 작은 물고기들이 있어 생태계의 생동감과 다채로움을 느낄 수 있다.

열대우림은 땅바닥에서부터 꼭대기까지 세로 '층stratification'

으로 나뉘며, 각각의 층에 특유한 동식물이 살고 있다.

'바닥forest floor'은 겨우 2퍼센트의 태양광선만 투과해 들어오기 때문에 그늘에서만 사는 야리야리한 식물이 자리하며 큰 식물은 드물다. 그 때문에 코끼리 같은 발굽동물(유제류)이나 영장류 등의 동물이 이동하기 용이하고, 온도와 습도가 높기 때문에 많은 종류의 균류가 나뭇등걸이나 나뭇개비, 낙엽, 동물시체를 쉽사리 썩힌다.

'하층understory layer'은 바닥과 수관 사이를 말하며, 여러 곤충, 양서류, 파충류, 조류, 소형 포유류가 어우렁더우렁 어울려 살고, 식생植生은 음지식물인 교목과 관목에 아주 커다란 덩굴식물이 빛을 얻기 위해 기세 좋게 하늘로 넌출을 감고 기어오른다. 5퍼센트 정도의 빛이 수관을 통과하기 때문에 이곳 식물은 하나같이 잎이 아주 넓은 활엽성이며, 여러 어린 식물들이 줄줄이 싹터 수관 쪽으로 죽죽 자란다.

'수관canopy layer'은 밀림의 주된 곳, 다시 말해 숲의 지붕이다. 가장 식물상이 풍부하며 대부분 30~45미터나 되는 큰 나무인 상록활엽수들이 우점종優占種이고, 선태식물이나 지의류 같은 부착식물도 나무 몸통이나 가지에 배좁게 달라붙어 산다. 따라서 동물상動物相도 수관의 최상층에 풍부하다.

'상층emergent layer'은 수관 위층을 뜻하며, 수관보다 더 위의 하늘 똥구멍을 찌를 듯이 쭉쭉 뻗는 식물이 더러 있으니 키가 70~80미터에 달한다. 이들은 더운 기온이나 거센 바람을 모질게 이겨내야 하는데 여기에는 조류 등 몇 종만이 산다. 가끔 빽빽한 수관의 일부가 무너져 뻥 뚫린 구멍을 내는 수가 있으니, 이때 광선 일부가 하층까지 뚫고 들어가 새로운 생태를 구성한다. 나무를 지지하는 원뿌리 말고도 둘레에 나무를 떠받치는 뿌리가 사방 얽혀 나와서 양분을 빨아들이고 수분과 공기를 흡수한다.

밀림은 파란만장한 세월 동안 인디언이나 원주민이 살아온 곳이다. 물론 지금도 일부 종족이 삶터를 이루고 있으니 브라질 밀림만 해도 67종족이 살았다고 한다. 또한 원주민들은 나무를 베어내고 불을 질러 그 재로 농사를 지으니, 2~3년 경작한 후 땅이 다시 척박해지면 새로운 곳으로 이동하는데 이를 이동식 화전火田농업이라 한다. 우리도 옛날에 허구한 날 산에 일부러 불을 질러 농사를 지었던 화전민이 있었다. 밀림에는 얌yam, 커피, 초콜릿, 바나나, 망고, 파파야, 마카다미아, 아보카도, 사탕수수 같은 귀한 먹잇감이 지천으로 널려 있다. 거대한 아마존 밀림은 특히 산소의 보고寶庫로 지구의 이산화탄소 감소에 매우 중요한 영향을 미치는 곳인데 곳곳이 파괴되어 지구의 기온이 상승하고 있다. 그냥 얻어지는 것은 아무것도 없다. 모두 가꾸고 키워야 하는 것, 밀림 보호는 인류의 지대한 숙명적 사명임을 알자.

　생물상이 매우 다양한 밀림에서는 종간 경쟁이 치열하다. 정글은 약한 자의 고기는 강한 자가 먹으며 강자가 약자를 지배하고 다스리는 약육강식의 세상이다. 이를 '정글의 법칙'이라 한다. 이기느냐 지느냐 죽느냐 사느냐, 이런 적자생존의 법칙이 인간사회에도 그대로 대입되니 이것이 자본주의 체제의 맹점이자 약점이지만 어쩔 수 없는 삶의 투쟁인 것을 어쩌겠는가. 경쟁, 다툼, 투쟁, 싸움 없는 세상은 없더라. 그러나 우리는 인간인지라 모름지기 협동과 경쟁을 함께하는 선의의 '코피티션copetition'을 해야 할 것이다.

강남의 귤을 북쪽에 심으면
탱자가 된다, 남귤북지

'남귤북지南橘北枳'란 강남의 귤나무(橘)를 북쪽에 심으면 탱자나무(枳)가 된다는 뜻으로, 사람은 누구나 그가 처한 환경에 따라 착한 사람이 되기도 하고 나쁜 심성을 갖게 되기도 한다는 말이다. 전국시대 제齊나라의 유명한 재상 안영晏嬰이 강대국인 초楚나라 왕의 초대를 받아 찾아갔다고 한다. 초나라 영왕靈王은 안영을 골탕 먹여 초나라의 위세를 과시하고 싶은 욕심이 있었는데, 왕은 탁월한 재능에 비해 외모가 볼품없어 보이는 안영에게 "자네 같은 인물을 사신으로 보낸 걸 보면 제나라에는 인재가 별로 없는 모양이지"라고 빈정거렸다. 그러자 안영은 태연하게 "우리 제나라는 큰 나라에는 큰 사람을 작은 나라에는 작은 사람을 보낸다는 원칙이 있는데, 저는 그중에서 가장 작기 때문에 여기에 오게 된 것입니다"라고 대답했다. 말문이 막힌 영왕이 망설이고 있을 때, 마침 한 죄인이 끌려왔다. 이에 초나라 왕이 물었다. "그 죄인은 어느 나라 출신인가?" "예, 제나라 출신인데 도둑질을 해서 잡혀 왔습니다." 이 말을 들은 초나라 왕이 안영에게 떡하니 물었다. "제나라 사람들은 본래 도둑질을 잘하오?" 그러자 안영이 보란 듯이 대답했다. "회남淮南에서 자라는 귤나무를 회북淮北에 옮겨 심으면 탱자가 된다고 합니다. 저 사람도 제나라에 있을 때는 성실했는데 이곳에 와서 도둑이 되고 말았군요." 왕은 말싸움에 코가 납작해진 것은 물론이고 안영에게 정중히 사과했다. 남귤북지를 다른 말로 '귤화위지橘化爲枳'라고 한다.

　남귤북지의 '감귤sweet orange'은 운향과 감귤속에 드는 소형 상록교목을 총칭한다. 원산지는 동남아시아이고 BC 2500년 전부터 중국에서 재배한 것으로 알려졌으니, 귤의 대표 격인 학명 *Citrus sinensis*에서 *Citrus*는 '귤', *sinensis*는 '중국'이라는 것도 그럴듯하다. 귤은 모두 감귤속에 들며 모든 품종끼리 교배할 수 있어서 이루 헤아릴 수 없이 많은 잡종이 나온다. 그중에서 맵시 나고 맛 좋은 것을 선택하니 그것이 한라봉, '배꼽오렌지navel orange' 같은 품종이다.

　귤나무는 9~10미터쯤 자라고 잎은 홑잎으로 난형이며, 열

매의 크기나 모양은 다 달라도 보통 안에 자그마치 열 조각에 여섯 개의 씨앗이 들어 있다. 익지 않았을 때는 열매가 짙은 녹색이지만 익으면 진노랑으로 바뀐다. 감귤은 크게 보아 '보통 감귤common orange' 말고도 배꼽오렌지라는 것이 있다. 과일 꼭대기에 '2차 열매'가 생겨 사람의 배꼽을 닮은 것이 과일 밖으로 봉곳이 솟아나는데, 껍질이 두꺼워 쓱쓱 벗겨 먹기 쉬우며 감귤류의 즙이 적고 쓴맛 성분인 리모닌limonin이 많아 주스를 만드는 데는 부적합하다. 과육이 검붉은 '블러드 오렌지blood orange'는 원종原種이 돌연변이를 일으킨 것으로 고농도의 색소인 '화청소anthocyanin'를 품고 있고 껍질이 두꺼우며 살이 깊고 과즙이 풍부해서 가장 맛있는 감귤로 친다. '시지 않은 감귤acidless orange'은 조생종早生種으로 덜 시지만 "네 맛도 내 맛도 아닌" 밍밍한 맛이다. 귤이 신맛을 내는 것은 부패하지 않으려는 것이다.

귤나무는 태양광선을 충분히 받고 토양에 수분이 많아야 잘 자라며 서리나 낮은 기온에 약해서 제주도나 남해안 일부에서 심는다. 귤의 씨앗에서 탱자가 나온다. 탱자나무는 감귤 접붙임에 쓰는 대목으로 이용하니 씨를 심어 1년을 키워서 가지 끝을 잘라버리고 원하는 개량품종의 싹을 접붙인다. 야생성을 띤 대목은 병에 강하고 척박한 땅에도 견딘다. 좋은 대목(밑받침)에서 훌륭한 과일(성공)을 얻는다!

감귤은 되도록이면 80퍼센트쯤 익었을 때 수확을 한다. 이것은 미숙한 바나나를 따서 멀리 보낼 때 걸리는 시간을 계산하는 것과 같다. 흔히 이렇게 덜 익은 푸른 과일에 에틸렌 가스를 처리하여 샛노랗게 익히는 것을 원예학에서는 '재촉한다'는 뜻의 '최催' 자를 써서 '최색催色'한다고 한다. 주로 생채로 먹지만 즙을 내고 껍질을 말려서 사료로 쓰며 얇게 썰어 요리도 한다. 껍질에는 기름이 많고 향이 짙으며 속껍질에도 섬유소나 펙틴pectin이 많고 비타민 C도 과육과 비슷하게 들어 있다. 귤꽃으로 향수를 만들고 꽃잎은 말려 차로 쓰고 껍질은 귤나무의 여린 싹을 뜯어먹는 민달팽이를 쫓는 데 사용한다. 귤 비누가 있는가 하면 구연산 같은 유기산이 많아서 피로회복하면 귤이 윗자리에 있다.

남귤북지 이야기에서 탱자나무Poncirus trifoliata를 빼놓을 수 없다. 크기 빼고는 모양새나 색깔, 냄새가 감귤과 쌍둥이처럼 엔간히 닮은 탱자는 역시 운향과 낙엽관목으로 감귤 접붙임의 대목으로 쓴다. 감귤과 달리 겹잎에다 낙엽성이고 줄기에 3~5센티미터 크기의 가시가 다닥다닥 달리며 종소명의 trifoliata는 '잎사귀가 셋'이라는 뜻이다. 감귤도 그렇지만 잎을 으깨면 진한 향이 난다.

'탱자trifoliate orange'는 한국과 북중국이 원산지이며 한국에서는 경기도 이남에 분포한다. 감귤과 달리 서리가 내리고 눈이 오는 곳에서도 죽지 않는다. 꽃은 보통 귤나무보다 1개월 정도 일찍 흰 꽃이 피고, 꽃받침조각과 꽃잎은 다섯 개씩이며, 분홍색인 수술은 많은 편이다. 탱자 열매는 감귤과 어지간히 닮았는데 지름이 3센티미터 정도로 귤에 비해 자잘하면서 탱글탱글하고 진녹색이지만 익으면 노래진다. 과육과 액즙이 많고 속에 씨가 든 과일로 감이나 포도 따위처럼 물이 많은 장과漿果이며, 맛이 아주 써 날것으로는 먹을 수 없지만 씨를 발라내고 저민 다음 뭉근히 끓여 잼을 만들어 먹으면 된다. 지실枳實, 지각枳殼이라 하여 익기 전 탱자 열매는 약재로도 쓰는데 건위, 이뇨, 거담, 진통 등에 효능이 있고, 소화불량, 변비, 위통, 황달에도 쓴다. 무엇보다 우리 시골에서는 삥 둘러 집 울타리로 심었으니 뾰족뾰족한 드센 가시가 달린 탱자나무로 촘촘하고 빼곡하게 울을 이루면 섣불리 귀신도 그 새를 못 지나갈 정도였다. 로마에 가면 로마 사람이 되라. 자기가 처한 환경에 잘 적응할지어다.

미주알고주알
밑두리콧두리 캔다

　'미주알'은 항문을 이루는 창자의 끝부분을 말하며, '고주알'은 미주알과 운韻을 맞추기 위해 덧붙인 말이다. "미주알고주알"이란 아주 사소한 일까지 속속들이를 말하는데 시시콜콜 창자 속까지 살펴볼 정도로 꼬치꼬치 따지고 든다는 뜻이다. 비슷한 말로 "밑두리콧두리 캔다"가 있는데, '밑두리'는 둘레의 밑부분이란 뜻으로 미주알과 비슷한 말이고 '콧두리'는 역시 운을 맞추려고 붙인 것이다. 이렇듯 아무 뜻도 없는 말을 운을 맞추기 위해 덧붙인 것으로 '세월아 네월아' '울긋불긋' '울퉁불퉁' '티격태격' '올망졸망' '옹기종기' '곤드레만드레' 등이 있는데 별 뜻 없이 운율만 맞추어 나간 첩어疊語와 같이 생각할 수 있겠다.

필자가 어릴 적에 '미자바리'란 말을 썼는데 알고 보니 미주알의 경상도 사투리였다. 필자는 일본 오사카에서 태어나 해방직전 한국으로 귀국하기 전 일종의 피난으로 시모노세키에서 한참 들어간 오지 마을에서 지냈다. 그때 변을 볼 때마다 노상 미자바리가 빠져 변소에서 한나절을 쩔쩔맸는데, 때론 형님께서 신발로 밀어 넣어주곤 했다. 네 살 때라 치질은 아니었고 지금 생각하니 탈항脫肛으로 흔히 말하는 '직장탈출증直腸脫出症'이었지 싶다. 직장탈출증이란 곧은창자의 일부 점막이나 근육(벽)이 항문 밖으로 부쩍 밀려나온 상태를 말하며, 만성변비, 대장무기력증, 과민성 대장증후군 탓에 생길 수 있지만 종종 항문괄약근 문제일 수도 있다 한다.

항문을 뜻하는 '에이네스anus'는 라틴어로 '둥그런 고리'란 의미이고, 이어진 직장의 대변이 나가는 구멍이며, 내항문괄약근(속조임근)과 외항문괄약근(바깥조임근)에 둘러싸여 보통 때는 오므려져 있다가 배변 시에만 열려 배변 조절을 한다. 안쪽 항문괄약근은 곧은창자의 민무늬근(평활근)의 일종인 환상근環狀筋이두꺼워진 불수의근으로 자율신경의 지배를 받고, 바깥항문괄약근은 가로무늬근(골격근)인 수의근이라 체성신경體性神經이 지배하므로 마음먹은 대로 조절할 수 있다. 항문(밑두리)의 피부에는흑색 멜라닌 색소가 많고 아포클린 땀샘, 털, 피지선도 있다.

'둥근 근육circular muscle'으로 된 괄약근은 몸 안의 구멍이나 관을 열었다 닫았다 하는 것으로 우리 몸에만도 50여 가지가 있다. 커다란 항문 근육에서부터 현미경적 전 모세관괄약근까지 있으니 더하여 말하면, 눈동자 둘레의 홍채 근육, 위장의 상하, 소장과 대장 사이, 간과 쓸개, 이자와 십이지장 사이, 방광 등등 우리 몸 곳곳에서 액체의 흐름을 조절한다. 정맥에 판막이 있어서 피의 역류를 막는 기능을 겸했다고 보면 된다. 사람이 죽으면 곧바로 모든 괄약근이 온전히 느슨하게 풀어지므로 점액이 마구 밖으로 흘러나오기 때문에 솜으로 귀, 코, 항문을 틀어막는다. 아름답게 살다가 곱게 죽어야 하는데…… '선생복종善生福終' 말이다.

다음은 바다에 사는 말미잘 이름 타령이다. 이 강장동물(창자가 빈 동물)은 꽃잎처럼 생긴 여러 개(색)의 먹이잡이용 촉수가 있는지라 영어로 '플라워 애니멀flower animal'이라 하며 말미잘은 '씨 아네모네sea anemone'라 부른다. 필자도 생물 이름의 어원과 의미에 늘 관심을 갖는데 알아내는 일이 그리도 힘들고 어렵다. 서양의 동식물명을 찾아보면 이름의 내력과 뿌리를 일목요연하게 역사적으로 기술하였건만, 우리는 그렇지 못해 무진 애를 먹는다. 아니 뭐가 뭔지도 모르고 주먹구구식으로 매양 가르치고 따라 부를 뿐이다. 선배 식물분류학자 이우철 명예교수

께서도 퇴임 후 '식물명의 어원과 의미' 찾기를 시도하였으나 끝끝내 열매를 맺지 못하고 중도에 포기하고 말았다. 고졸하고 산뜻하며 재치와 유머가 넘치는 생물명도 많지만 뜻을 몰라서 간간이 성가시고, 가르치고 글 쓰는 이의 애간장을 태운다. 결단코 단순히 '따지기 좋아하는 과학자'라 그런 것이 아니고, 뜻을 알고 써야 할 것이 아닌가 말이다.

서울사범대학 후배인 세화고 생물교사 이태원 선생은 수년 간 흑산도를 직싸게 고생하면서 구석구석 답사하고 체험하여 현지 풍속과 방언, 각종 이야기와 생각 등을 적은 『현산어보를 찾아서』라는 귀중한 책을 냈다(이 선생은 자산어보玆山魚譜의 '玆' 자를 '현'으로 읽음이 옳다고 주장한다). 산과 바다가 푸르다 못해 검다 하여 이름 붙은 흑산도는 목포에서 뱃길로 약 93킬로미터, 옛날 돛단배로 일주일은 족히 걸리는 먼 섬이기에 귀양지로도 자주 쓰였다. 손암巽庵 정약전丁若銓도 1801년 천주교 박해로 흑산도에 유배되어 16년 동안 부근 수산동식물 200여 종을 조사하고 채집해 『자산어보玆山魚譜』라는 우리나라 최고最古의 생물도감을 남겼다.

책은 우리가 흔히 지나쳤던 생물 이름도 소개한다. 말미잘은 왜 이름이 말미잘이란 말인가? 필사본으로만 남아 있는 기록에는 말미잘이 한자로 '홍말주알紅末周軋'이라 쓰여 있다고 한다. 여기서 말末은 미未의 오기로, 홍말주알은 홍미주알이 맞다. 요샛말로 하면 '붉은 미주알'이다. 미주알은 창자의 끝부분을 뜻한다. 그래서 정약전은 말미잘을 "이질을 앓은 사람이 탈항한 것 같다"고 비유했다. 필자도 여태 말미잘의 어근語根이 그렇다고 생각하고 가르쳐왔다. 실제로 한바탕 썰물이 진 다음 바닷가 '조수웅덩이tide pool' 돌 틈 사이에 숨어서 깡똥한 원색의 촉수를 사방으로 뻗고 있는 야리야리한 말미잘에, 너부시 엎드려 살금살금 가까이 다가가 손가락을 입(항문도 겸함)에 우악스럽게 우겨넣어 보면, 단박에 온몸을 바싹 움츠리면서 주둥이(항문)를 오므려 손가락을 꽉 죄어온다. 남우세스럽고 발칙하게도 꼭 '말의 항문(말의 미주알)'에 손가락을 넣듯이 말이지. 결국 말미잘이란 말은 '말의 미주알', 즉 '말똥구멍'이란 뜻이다. 여태 말미잘의 의미를 미주알고주알 밑두리콧두리 캐고 있었다.

어이딸이 두부 앗듯

두부는 콩으로 쑨다. 어떤 것을 거절하지 않고 오히려 더 좋
아할 적에 "늙은 말이 콩 마다할까", 지나치게 남의 말을 무조
건 믿는 사람을 놀림조로 "팥을 콩이라 해도 곧이듣는다", 행
동이 매우 민첩함을 일러 "번갯불에 콩 볶아 먹겠다", 여기나
저기나 끼어들 때나 안 끼어들 때를 분간하지 않고 간섭할 때
"콩이야 팥이야 한다", 비슷한 것을 가지고 서로 제 것이 낫다
고 다툼질할 적에 "네 콩이 크니 내 콩이 크니 한다" 하고, 어
떤 물건이 완전히 부서지거나 집안이나 어떤 조직이 망한 것을
두고 "콩가루(집안)가 되다"라 한다.

한국, 중국, 일본에서는 콩으로 두부를 만들어 먹는다. 일본
에서는 일본된장 미소나 나또를, 한국에서는 콩나물, 청국장,

간장, 된장을 만든다. 어디 그뿐일라고. 두유, 마가린, 아이스 크림, 요구르트, 치즈는 물론 채식주의자를 위한 쇠고기 대용 (콩고기), 우유에 예민한 영아용 조제분유를 만드는 데도 쓴다. 비누, 화장품, 플라스틱, 잉크, 용매 등등 말고도 미국에서 식 물성 기름인 바이오디젤biodiesel의 80퍼센트를 콩에서 얻는다고 한다.

콩은 누가 뭐라 해도 완전단백질이라 필수아미노산을 모두 함유하고 있다. 콩은 반드시 삶거나 볶아 먹어야 하는데 이는 몸속 단백질 분해효소의 하나인 트립신의 작용을 억제하는 '트 립신 억제물질trypsin inhibitor'을 파괴하기 위함이다. 결국 날콩을 먹으면 단백질이 분해(소화)되지 않아 설사를 하게 된다.

콩에는 19퍼센트의 콩기름이 들어 있다. 콩기름은 오메가3 지 방산인 알파−리놀렌산alpha−linolenic acid을 많이 함유한 식물성기 름으로, 심장질환의 원흉인 콜레스테롤을 낮추는 음식으로 공 인되어 있다. 또 항산화제의 일종인 '피트산phytic acid'이 고농도 로 들어 있으며, 식물에스트로겐을 만드는 이소플라본isoflavone 은 식물 중에서 콩과식물에 가장 많다. 그래서 콩은 여자에게 더더욱 좋다고 한다.

두부 만들기다. 메주콩을 오래오래 물에 불린 다음 맷돌이나 믹서로 곱게 갈아 보자기에 넣고 콩물을 꼭 짜는데, 물을 붓고 또 부어 두세 번 콩물을 치대 짜낸다. 짜낸 콩물을 큰 냄비에 넣고 뭉근히 끓이면서 바닥에 눌러 붙지 않게 나무주걱으로 설렁설렁 저어준다. 푹 익은 뽀얀 국물에 간수를 조금 넣고 국자로 저어주면 바로 두부 덩어리가 생기는데, 이것을 두부 틀에 넣어 눌러 김이 모락모락 나는 육모 진 두부를 만든다. 콩 단백질이 몽글몽글하게 응고되었을 때 압착하지 않고 그대로 먹는 것을 순두부라 하고, 두유를 눌러 짜내고 남은 찌꺼기를 비지라 하는데 비지는 극히 일부만 반찬용으로 쓰고 대부분은 가축 사료에 이용된다. 못살 때는 술지게미도 먹는 판이라 비지에다 쌀가루나 밀가루를 넣고 반죽해 빈대떡처럼 부쳐 먹었으니 그것이 비지떡이다. "싼 게 비지떡"이란 값이 저렴한 물건은 품질도 좋지 않은 핫길이라는 뜻이다.

두부 만들기에서 간수bittern 역할은 무엇일까? 간수는 고염苦鹽, 노수滷水, 염담수鹽淡水라고도 하는데, 간수의 '간'은 음식의 간을 맞춘다는 짠맛의 간(소금기)과 같은 뜻이다. 고염이나 영어 명에 모두 '쓰디쓰다'는 뜻이 있으니 이는 쓴맛을 내는 염화마그네슘 탓이며 그래서 간수를 안 뺀 소금은 맛이 없다. 간수 성분은 염화마그네슘 15~19퍼센트, 황산마그네슘 6~9퍼센트, 염화칼륨 2~4퍼센트, 염화나트륨이 2~6퍼센트 들어 있고, 해수에 존재하는 칼슘, 황, 요오드, 브롬화물 등도 여러 형태로 존재한다.

콩 단백질의 중요 성분으로는 글로불린globulin의 일종인 글리시닌glycinin과 알부민의 일종인 레구멜린legumelin이 있으며 이중 글리시닌이 전체의 90퍼센트로 대부분을 차지한다. 콩물을 섭씨 80도 이상으로 가열한 후 간수를 넣으면 음전하陰電荷를 띠는 글리시닌 단백질이 양전하를 띤 간수의 염화마그네슘과 결합하여 단백질이 응고돼 침전되니 그것이 두부이다. 일종의 '펩티드 결합peptide bond'이 많이 엉킨 '폴리펩티드 결합polypeptide bond' 상태인데, 레몬(식초)이나 소금을 넣어 우유를 응고시켜 치즈를 만드는 것과 유사한 원리이다.

"칼로 두부모를 자르듯 하다"란 무슨 일을 하는 데 있어 맺고 끊는 것이 명확한 경우를, "콩 가지고 두부 만든 대도 곧이 안 듣는다"는 아무리 사실대로 말해도 믿지 아니함을, "어이 딸이 두부 앗듯"이란 어머니와 딸이 두부나 묵 따위를 만들듯이 무슨 일을 할 때 의견이 잘 맞고 손발이 척척 맞음을 비유적으로 이르는 말이다. 또한 "콩밭에 서슬치겠다"란 콩을 갈아서 두부를 만들 때 넣는 서슬(간수)을 콩밭에다 친다는 말이니, 일의 순서도 없이 너무 성급하게 서둘러 콩밭에 가서 두부 찾는 격이라는 뜻이다. "바늘뼈에 두부살"이라는 말은 바늘처럼 가는 뼈에 두부같이 힘없는 살이란 뜻으로 몸이 아주 연약한 사람을 빗댄 말이다. 요새 피부가 희고 살이 무른 젊은이들이 쌨다. 부디 용가리(용의 갈비) 통뼈에 뽀빠이 알통이 불끈 솟는 늠름한 나라의 청소년이어라!

식물 중에는 퉁퉁마디(함초)와 같이 갯벌에 사는 간이 삼삼히 밴 염생식물鹽生植物이 있는가 하면, 산에서 나는 옻나무와 같은 옻나무과의 붉나무처럼 뜻밖에 염분을 많이 함유해 '소금나무'라 불리는 것도 있다. 붉나무의 열매 겉에 흰색의 물질이 생겨 소금처럼 달라붙는데 맛이 시고 간간하여 이 열매를 미리 물에 불렸다가 간수 대신 넣으면 두부가 만들어진다고 한다.

어물전 망신은 꼴뚜기가 시킨다

늘 좋은 기회만 있는 것이 아님을 말할 때 "장마다 꼴뚜기 날까"라고 한다. 자주 바뀌는 세상물정을 모르는 어리석음을 비웃을 때는 "망둥이가 뛰면 꼴뚜기도 뛴다"라고 하는데 남이 한다고 아무 관련도 없고 그럴 처지도 못 되는 사람이 덩달아 편승하여 설칠 때를 놀림조로 쓴다. 또 "어물전 망신은 꼴뚜기가 시킨다"거나 "생선 망신은 꼴뚜기가 시킨다" "실과 망신은 모과가 시킨다" "둠벙(웅덩이) 망신은 미꾸라지가 시킨다"라고들 하는데 지지리 못난 사람일수록 같이 있는 동료를 망신시킨다는 말이다. 집안이나 학교, 사회생활을 하면서 결단코 집안 망신시키는 어물전 꼴뚜기 같은 잔챙이 신세가 되지 말지어다.

"어물전 털어먹고 꼴뚜기 장사한다"란 큰 사업에 실패하고 보잘것없는 작은 사업을 시작함을 이르는 말이고, 피부가 검은 사람을 조롱할 때 "자주 꼴뚜기를 진장陳醬 발라 구운 듯하다"라고 하는데 여기서 진장은 검정콩으로 쑨 메주로 담가 색이 까맣게 된 간장을 이른다. 이렇듯 꼴뚜기 입장에서는 당연히 괘씸하고 섭섭할 일이겠지만 작고 볼품없어 제대로 대접을 받지 못함을 나타낼 때 사용하는 꽤나 흔한 표현이다.

꼴뚜기beka squid와 오징어squid는 계통분류학적으로 연체동물문 두족강 살오징어목까지는 같은 무리로 묶으나, 눈에 얇은 막이 덮여 있으면 폐안아목閉眼亞目 꼴뚜기과에, 눈에 막이 없으면 개안開眼아목 살오징어과로 구분된다. 꼴뚜기과에는 한치라는 대형 꼴뚜기류와 참꼴뚜기 같은 소형 꼴뚜기류가 있다.

연체동물의 두족류頭足類는 다리의 수를 기준으로 둘로 나누니, 다리(팔)가 열 개인 오징어, 갑오징어, 꼴뚜기를 십완류十腕類라 하고 다리가 여덟 개인 문어, 낙지, 주꾸미를 팔완류八腕類라 한다. 그러니까 물에 떠서 사는 녀석들은 오징어처럼 팔이 열이고, 줄곧 바닥 생활을 하는 놈들은 다리가 여덟이로다!

꼴뚜기는 오징어와 유사하게 생겼지만 아주 잔챙이며 흔히 오징어 새끼를 꼴뚜기라고 부르기도 한다. 우리나라에는 참꼴뚜기, 창꼴뚜기, 화살꼴뚜기, 흰꼴뚜기를 포함해 7종이 있고, 4~5월경에 남해에서 많이 잡힌다. 몸은 야들야들한 것이 연한 자줏빛을 띠고, 방울만 한 커다란 눈이 양편에 붙었으며 눈에는 망원경이나 카메라같이 딱딱한 렌즈가 덮여 있다. 얕은 바다에 사는 반부유성半浮游性이며 최대 몸통 길이 약 7센티미터 정도의 소형 종으로, 흔히 '오징어 귀'라고 부르는 지느러미는 둥그스름한 마름모꼴로 헤엄치는 데 쓴다. 지역에 따라 고록,

꼬록, 호래기, 꼴띠라 부르며 우리나라 전 연안, 동남아시아, 유럽 등지에 서식한다.

꼴뚜기의 생김새는 다른 두족류와 크게 다르지 않아서 몸통, 머리, 다리 세 부분으로 이뤄지며, 몸통에는 생식기관, 내장, 먹물주머니가 있다. 이매패二枚貝(조개 무리)만 빼고는 모두 키친

질의 치설齒舌이 있어서 먹이를 쥐어뜯어 먹는다. 몸통(외투막)의 머리 쪽에 수관(깔때기) 돌기가 뾰족 튀어나와 있어 그리로 물을 내뿜는데, 절묘하게도 물의 분사 속도에 따라 헤엄치는 빠르기가 달라지고 수관 입구 틀기에 따라 이리저리 달리는 방향이 달라진다.

꼴뚜기는 좌우대칭이며 빛깔은 흰색 바탕에 자줏빛 반점이 있다. 암수가 따로 있으며 생김새로는 암수를 구별할 수 없으나 해부를 해보면 수놈은 암컷에 없는 희고 긴 음경이 있다. 짝짓기 때 수컷은 좌측 네 번째 팔을 사용해 정자가 들어 있는 주머니인 정포精包를 암컷의 외투강 안으로 쑤욱 집어넣는다. 봄철 짝짓기가 끝난 암컷은 수심이 얕은 곳에 알을 덩어리로 낳는데, 한 덩이에 20~40개의 알이 들었고 수명은 일 년이다.

꼴뚜기는 목숨앗이(천적)를 만났거나 공격의 기미를 알아차리면 어느새 체색은 물론이고 행동도 갑작스레 변한다. 그들은 방어무기로 먹물(잉크)을 쓴다. 피 말리는 숨바꼭질이다. 천적에게 내리 쫓겨 엔간히 발버둥 치다가 생사의 갈림길에서 더는 안 되겠다 싶으면 급기야 함부로 쓰지 않는 비장의 무기를 얼른 꺼내든다. 먹주머니 속에 든 먹물을 퍼뜩 수관으로 세게 확! 적을 향해 쏟아버린다. 그것이 물에 퍼지니 느닷없이 뭉글뭉글 구름 같은 진한 검은 먹물을 둘러쓴 물고기가 꼴뚜기 냄새가 진하게 밴 먹물을 흑! 흑! 맡으면서 먹잇감을 찾느라 헛바퀴 도는 사이에 가뿐히 멀찌감치 도망친다.

봄철에 많이 잡히는데 물살 따라 꼴뚜기를 들게 하는 큰 주머니 모양의 그물인 안강망鮟鱇網을 이용해서도 잡지만, 야간에 집어등集魚燈을 켜 숱하게 모이게 하여 낚시를 하기도 한다. 꼴뚜기는 회, 볶음, 조림을 하지만 주로 젓갈을 만들어 먹으며, 마그네슘, 구리, 아연, 셀레늄selenium, 비타민 B_{12}, 비타민 B_2 등과 단백질이 풍부하며 특히 타우린taurine이 많다.

두족류도 그렇지만 고등어, 펭귄갈매기, 까치물개 등 수많은 동물이 등짝은 검거나 푸르고 배는 희거나 은백색이다. 이런 몸의 배색配色이 살아남는 데 어떤 도움을 줄까? 고등어를 예로 보자. 고등어를 위에서 내려다보면 등짝의 색과 어둔 바다 밑바닥 색이 비슷하고, 아래에서 치보면 배 바닥의 희번득한 색이 하늘에서 비추는 햇살과 짐짓 가까워서 눈에 잘 띄지 않는다. 이렇게 몸체가 햇빛에 노출된 등 부분은 어두운색, 그늘진 배 부분은 밝은색인 것을 '그늘지우기'라 한다. 이는 일종의 변장으로 주위환경과 비슷하게 치장해 상대를 혼란스럽게 만든 후 허겁지겁 도망가거나 가차 없이 잽싸게 먹이를 낚아채기 위한 것이다. 이런 여러 동물의 묘한 지략과 영민함에 놀랄 뿐이다.

꼴뚜기의 '꼴'이 모습이라면 '뚜기'는 함경도 방언으로 '무식'이란 뜻이라는데, 혹시 꾀죄죄한 꼬락서니를 두고 생긴 말이 아닐까. 생물 이름의 어원이 궁금하여 하는 말이다. 그럼 똑같이 뚜기가 붙은 말인 '메뚜기'는 어디서 온 말씀이람?

벌집 쑤시어 놓은 듯

삶의 향내가 가득 배어 있는 속담이나 관용어에는 그 생물의 생태적 특징이 한껏 묻어 있는 법이다. "벌집 쑤시어 놓은 것 같다"란 벌통을 건드려서 벌이 있는 대로 몰려나와 쏘아대듯이 도떼기시장처럼 온통 난장판이 되어 매우 어수선하다는 의미이다. "꿀은 달아도 벌은 쏜다"는 좋은 것을 얻으려면 그만한 어려움이 따른다거나 어설프게 건드렸다가 봉변을 당하게 됨을 뜻한다. 또한 "꿀 먹은 개 욱대기듯"은 난폭하게 윽박질러 위협함을 이르는 말이고, "꿀 먹은 벙어리"는 속마음을 나타내지 못하는 경우나 남몰래 일을 저지르고도 모르는 체 시치미 떼는 행동을 말한다. "꿀 바른 말"은 듣기 좋은 말을, "집에 꿀단지를 파묻었나"는 집에 빨리 가고 싶어 안달하는 사람을 비유적으로 이르는 말이다.

흔히 꿀벌이 모은 꽃가루를 '비 폴렌bee pollen' 또는 '비 브레드bee bread' '폴렌 볼pollen ball'이라고도 하는데, 꽃가루를 덩어리로 뭉쳐 뒷다리에 달고 집으로 오면 다른 일벌들이 받아서 꽃물, 효소, 균류를 섞어 영양가를 잔뜩 높인 후 새끼 벌에게 먹인다. 양봉업자들은 이런 처리를 하지 않은 화분덩이를 빼앗는데, 벌집에 벌이 집으로 들어갈 적에 좁은 구멍을 지나게 하여 다리의 화분덩이를 빗질하듯 떨어지게 한 후 힘을 들이지 않고 모아 보조식품으로 판다. 화분의 영양성분은 보통 탄수화물 55퍼센트, 단백질 35퍼센트, 무기염류 3퍼센트, 비타민 2퍼센트, 지방산 2퍼센트, 그외 물질이 5퍼센트를 차지한다. 근래 분석에서는 균류가 188종, 세균이 29종이 들어 있다는 것이 밝혀졌는데, 이는 이 꽃 저 꽃에서 묻혀온 것으로 그리 해롭지 않지만 사람에 따라 꽃가루 알레르기를 일으키는 수가 있다.

벌 중의 벌인 꿀벌은 무엇보다 한 집에 4만여 마리가 어우렁더우렁 모여 살면서 여왕벌, 일벌, 수벌이 분업하는 진사회성眞社會性 곤충이다. 꿀벌은 애써 그들먹하게 모아온 밀랍을 개고 펴서 깐깐하게 육각형으로 집을 짓는데, 이 육각형은 매우야물고 적은 재료로 훨씬 더 많은 꿀을 저장할 수 있다. 다시말해서 정육각형은 최소 재료로 최고 튼튼한 최적의 공간을 만드는 데 으뜸이니 이런 것을 '벌집구조'라 한다.

설탕이 주성분인 80퍼센트가 수분인 꽃물이 달콤한 꿀로 바뀌는 데는 벌의 신통력이 들어간다. 위에서 인베르타아제invertase라는 효소를 분비하여 2당류인 설탕을 단당류인 포도당과 과당으로 소화시킨다. 몇 번에 걸쳐 뱉고 삼키기를 반복하여 마지막으로 게워낸 것도 아직 물이 많아 썩기 쉽기 때문에 날개를 세차게 흔들어 수분을 증발시켜 꼬들꼬들 말리고 거기에 더해 효소 처리를 한다. 꿀은 주성분이 과당 38.2퍼센트, 포도당 31.3퍼센트, 말토오스 7.1퍼센트, 수크로오스(설탕) 1.3퍼센트, 물 17.2퍼센트 등등 알려지지 않은 물질도 다소 있다 한다.

사람들은 꿀 말고도 프로폴리스propolis라는 것을 벌에서 얻는다. 이는 식물이 상처를 입을 때 세균이나 곰팡이, 곤충이 침입 못하게 하는 물질인 수지樹脂 화합물로, 벌이 나무의 어린 싹이나 수액, 잎 등에서 떼거리로 억척스럽게 긁어모은 것이다. 벌집 아가리를 덮는 데 밀랍을 쓰지만 그때 생기는 작은 틈새를 이것으로 잇고 때우고 메운다. 프로폴리스의 색은 통상 갈색이고, 섭씨 20도의 실온에서는 끈적끈적하지만 더 낮은 온도에서는 딱딱해지고 매우 잘 부스러진다.

프로폴리스는 벌집을 야물게 하여 진동을 줄이고 병이나 기생충이 침입하는 것을 막으며, 벌집 안에서 부패하는 것을 예방한다. 게다가 벌집에 쳐들어와 죽음을 당한 너부러진 말벌 같은 작은 것 따위는 벌들이 물어서 내다버리지만 경우에 따라서는 헤살꾼인 덩치 큰 도마뱀이나 쥐가 벌집에 들어와 죽는 수가 있으니, 이때는 어쩔 수 없이 시체를 그대로 둔 채 프로폴리스를 발라 부패를 방지한다.

프로폴리스는 장소나 벌의 종류에 따라 성분이 다를 수 있으나 전형적으로 수지와 발삼balsam이 50퍼센트, 왁스 30퍼센트, 기름 성분 10퍼센트, 꽃가루 5퍼센트로 구성되어 있다. 몇천 년 동안 의약품으로 쓰인 이 물질에 찬반이 갈리지만, 최소한 구순포진口脣疱疹이나 헤르페스에는 효과가 있는 것으로 평판이 났다. 하지만 면역 효과나 항산화 등 다른 효과에 대한 것은 확실치 않다고 한다.

꿀 중에 석청石淸이라는 것이 있다. 꿀벌보다 아주 큰 석벌이 깊은 산속의 절벽이나 바위틈에 여투어둔 꿀을 말하는데, 히말라야 석청이 가장 유명하다. 벌에서 얻는 것이 어디 그것뿐인가. 봉침蜂針이라는 것이 있으니 정제한 벌의 독을 주사하여 인체의 면역 기능을 활성화시키며, 특히 관절염 치료에 좋다 한다. 우리나라에서도 말벌을 통째로 술에 담가 먹고 애벌레는 튀겨 먹는데, 벌 유충은 특히나 정글에 사는 원주민들에게는 아주 긴요한 단백질원이 된다.

미역국 먹고 생선 가시 내랴

　"미역국(을) 먹다"란 시험에서 떨어지거나 직위에서 속절없이 떨려 나감을 뜻한다. 아마도 미역이 미끌미끌해서 미역국을 먹으면 시험에서도 쭉 미끄러진다고 생각하게 된 속신(俗信)인 듯하다. 시험 당일 아침에 엄마가 빵을 먹이지 않고 달걀 요리를 하지 않는 것도 빵점 맞는 것을 꺼리는 탓일 것이다. "미역국 먹고 생선 가시 내랴"는 말도 있는데 이는 미역국을 먹고 생선가시를 낼 수 없는데도 내놓으라는 뜻으로 불가능한 일을 자꾸 우겨댐을 빗댄 말이다.

　그런데 왜 미역을 물에 넣으면 미끈미끈한 물질이 생기는 걸까? 식물체의 표피세포가 변한 점액선(粘液腺)이 발달하여 끈적끈적한 점액질을 분비하는데 이는 갈색소인 푸코산틴fucoxanthin

이나 푸코이단fucoidan이란 물질 때문이다. 그것은 식물의 고유한 갈색을 결정할뿐더러 반들반들한 미역 몸체를 매끄럽게 하여 밤낮 없이 일렁대는 세찬 물살의 저항을 작게 받도록 한다. 흔히 말린 다시마나 미역의 표면에 피는 흰 분가루는 만니톨mannitol로 말미암은 것이다.

미역Undaria pinnatifida은 갈조식물강 다시마목 미역과의 갈조류로, 제가끔 쏙 빼닮은 다시마, 곰피, 감태甘苔 등이 여기에 속한다. 서양에서는 '씨 머스터드sea mustard', 일본 사람들은 '와카메wakame'라 부르며, 길차게 자란 것은 길이 1~2미터, 폭 50센티미터로, 외형적으로는 뿌리, 줄기, 잎의 구분이 뚜렷하지 않은 엽상체의 바닷말이다. 우리나라 전 연안에 자생하며, 간조 때의 바다와 육지의 경계선인 간조선 부근 바위에 붙는다.

미역은 여름엔 흔적도 없이 사라지는 1년생 바닷말로 하나 같이 추운 겨울에 잘 자라는 '겨울식물'이다. 하늘은 쨍쨍 바람이 쌩쌩 부는 혹한의 날에 어부들은 "거참, 날씨 하나 좋다!"라고 한다. 해초는 날씨가 맑고 땡땡 추워야 광합성을 씽씽 잘하기에 그렇다. 그리고 해초는 바다 생태계에서 생산자의 중요한 자리를 차지하니, 전복, 소라 따위의 주요 먹이이고 작은 물고기들의 중요한 은신처이자 산란장으로 먹이사슬에 중요한 매듭코를 담당한다. 주로 우리나라, 일본, 중국에서만 식용하는데, 갓 딴 미역은 그대로 두기 바쁘게 금방 잦아들다가 깡그리 녹아버리니 얼른 말리거나 염장해야 한다.

미역은 민꽃식물로 품새가 이파리 꼴인 엽상식물이며, 포자로 번식하는 홀씨식물이다. 즉, 이들은 물관과 체관인 관다발 조직이 없고, 식물체가 바위에 부착기로 달라붙지만 결코 뿌리가 아니라서 양분 흡수를 하지 않으며, 모든 무기양분은 전신에서 흡수한다.

미역 원줄기에 해당하는 엽상체 아래 부위에 쭈글쭈글 몽탕몽탕한 귀 닮은 것이 붙어 있으니, 이는 포자엽胞子葉인 미역귀로 거기서 포자를 만든다. 봄에는 미역귀다리에서 암배우자와 수배우자가 생겨나 수정하여 현미경적인 배우체配偶體가 되어 여름을 바위에 붙어 지내고 미역 본체는 녹아 없어진다. 가을이 와 수온이 내려가면 비로소 배우체에서 포자 싹이 일거에 터서 어린잎이 되고 그것이 겨울이 되면서 빠르게 쑥쑥 커간다. 이렇든 저렇든 짠 바닷물에서 어떻게 식물이 견뎌내는 것일까. 별난 잡초가 아닐 수 없다.

이렇게 바위에 붙어사는 자연산 미역을 '돌미역'이라 하는데, 요새 먹는 미역은 거의 다 양식한 것이다. 양식장에 부표를 띄우고 배우체인 미역 씨를 붙여 길게 줄줄이 줄을 늘어뜨려 인공재배를 한다니 미역까지도 키워 먹는 판이다.

미역은 다 같은 종이고 지역이나 환경에 따라 조금씩 다를 뿐이며, 본래는 짙은 갈색이지만 익히면 진녹색으로 변한다. 물살이 조금 있어서 아래 위 바닷물이 수시로 섞이는 곳에서 미역이 잘되니, '기장미역'이 이름난 것도 그런 환경조건 탓이다. 아마도 한국이나 일본의 찬 바다가 원산지일 것으로 아는데, 근래 와서는 뉴질랜드, 미국, 프랑스, 아르헨티나 등 온 세계에 퍼져 '외래 침입종'으로 취급한다. 생존력 하나는 만만히 볼 미역이 아니다.

예부터 세상에서 오직 우리나라만 산후에 삼신할미에게 먼저 미역국과 흰밥을 바치고 산모는 삼칠일까지 미역국을 먹였다. 산후선약産後仙藥이라 하여 산모에게 미역국을 그들먹하게 담아 먹이는데 이를 '첫국밥'이라 하며, 이때 쓰는 미역을 '해산미역'이라 하여 넓고 긴 것을 고름은 물론이고 값을 깎지 않고 미역을 꺾지도 않고 사 오는 풍습이 있다.

미역국에는 살생을 피한다는 뜻에서 처음엔 쇠고기를 넣지 않고 간장과 참기름만으로 자박자박 끓이지만 이윽고 양지머리, 사태를 푹 고아 넣거나 마른 홍합을 푸지게 넣고 끓이기도 한다. 산모는 미역국에 몸서리치도록 질림을 무릅쓰고 자기가 먹은 것이 고스란히 젖으로 나와 젖먹이가 먹는 것임을 알고 열심히 훌훌 마신다. 고맙다, 그럼 그래야지. 미역국을 감곽탕甘藿湯 또는 곽탕藿湯이라고 하며, 생일날 음식으로도 관례화되어 있다. 말썽 피우는 자식이 있으면 엄마는 "내가 정말 저걸 낳고도 미역국을 먹었다니" 하며 꾸중을 한다.

미역국도 하나의 풍속, 관습이라기보다는 다분히 과학적 근거가 있으니, 영양소 덩어리인 미역에는 탄수화물(식이섬유), 단백질, 지방, 칼륨, 칼슘, 요오드, 철분, 마그네슘, 망간, 아연, 비타민 B_1, 비타민 B_2, 비타민 B_3, 비타민 B_5, 비타민 B_9, 비타민 C, 비타민 E, 비타민 K 등이 풍부하여, 산후 회복은 물론이고 젖을 많이 나게 한다. 미역국 외에도 미역으로 여러 요리를 하니 미역줄기볶음, 미역오이냉국, 미역귀튀각, 미역귀김치, 미역무침, 미역쌈, 생미역지짐이 등이 있다.

갈치가 갈치 꼬리 문다

갈치*Trichiurus lepturus*는 농어목 갈치과의 바닷물고기로, 갈치의 원말 '칼치'는 칼 모양을 닮은 고기라는 뜻이다. 갈치의 새끼를 '풀치'라고 하는 것은 기다란 풀잎 모양을 닮았기 때문으로, 풀치는 새우, 곤쟁이 등 동물성 플랑크톤을 먹으며 풀치조림이나 풀치찜으로 해 먹는다.

갈치는 보아하니 별명도 많다. 호가 많다는 것은 유명함을 뜻하지 않겠는가. 우리말 갈치의 '갈'은 칼을 '치'는 물고기를 뜻하며 몸뚱이가 길쯤한 칼 같다 하여 '도어刀魚', 혁대처럼 납작하고 길쭉하다 하여 '벨트피시beltfish', 띠(대帶) 모양이라 하여 대어帶魚라 한다. 서양에서는 옛날 선원이나 해적이 쓰던 날이 약간 휜 단검인 '커틀라스cutlass'를 닮았다 하여 '커틀라스 피시

cutlass fish', 어물전에서 팔 때는 살점이 없어 죄다 잘라버려 볼 수 없는 꼬리 끝에 가늘고 긴 털 묶음이 있다 하여 '헤어테일 hairtail', 또는 늦가을에서 초겨울 무서리 내릴 무렵에 나타난다 하여 '프로스트피시frostfish'라 부른다.

아무리 먹어도 부르지 않는 날씬한 배를 '갈치 배', 퍽이나 비좁은 방에서 옴짝달싹 못하고 여럿이 모로 자는 잠을 '갈치 잠'이라고 한다. 그리고 "값싼 갈치자반 맛만 좋다"거나 "맛 좋고 값싼 갈치자반"이란 값이 싸면서도 쓸 만한 물건을 이르거나 한 가지 일이 두 가지로 이롭다는 뜻이다. 근래 와서 갈치가 귀해 '은갈치'가 '금갈치'가 되었다고 하더라.

갈치의 '치'는 비어卑語이다. '저 사람'을 낮잡아 부르는 '저치', 거지나 품행이 천박하고 못된 짓을 일삼는 사람을 속되게 부르는 '양아치'처럼, 꽁치, 멸치, 삼치 같은 물고기에도 치가 붙었는데 차례나 제사상에는 이렇게 '치'가 드는 생선은 올리지 않는다. 하고 많은 이름 중에 어쩌다 '치' 자가 붙어 가지고…….

갈치는 큰 놈은 체장이 2미터에 이르고 무게가 무려 5킬로그램에 달한 것이 최고 기록이라 하며, 15년을 사는 것도 흔하지 않게 본다고 한다. 세계적으로 온대, 아열대 바다의 수심 150~300미터 아래에 살며, 밤에는 바다 표면으로 소형 갑각류를 먹으러 올라오고 낮에는 바다 밑바닥으로 내려간다. 보통 때 마치 바다 속에 서 있는 것처럼 머리를 위로 곧추세우고 있기도 하지만, 헤엄을 칠 때에는 W자 모양으로 꼬리를 움직여 이동한다. 갈치를 가장 많이 잡는 나라는 중국, 한국, 일본, 파키스탄 순이라 한다.

배지느러미와 꼬리지느러미는 없고, 등지느러미는 길어서 등마루를 따라 죽 나 있으며, 뒷지느러미는 퇴화하여 아주 짧다. 몸에 비늘이 없고 빛깔은 번질번질한 은백색으로 손으로 만지면 은가루가 묻어나는데 이것은 구아닌guanine이라는 물질이다. 눈이 머리에 비해 큰 편이고 비린내가 심한 편은 아니며 노릇노릇 구워진 푸짐한 뽀얀 살은 가히 일품으로 부드러우며 뼈를 추려 발라먹기 쉬운 편이다.

입은 크며 아래턱이 돌출되었고 양턱 앞부분에 송곳니를 닮은 이가 난 성깔머리 있는 이놈에게 한번 물렸다 하면 끝장이다. 육식성인 이놈들은 먹을 게 없는 날에는 서로 사정없이 잡아먹는 '동족살생cannibalism'을 벌이니 "갈치가 갈치 꼬리 문다"고 한다. 친구나 친척 간에 서로 싸움질하는 것을 비유적으로 이르는 말이며 비슷한 말로 "망둥이 제 동무 잡아먹는다"가 있다.

동족살생이 해석하는 카니발리즘에 대해 좀 보탠다. 이는 본래 사람의 살코기나 내장을 먹는 식인食人 풍습이나 동물이 동족살생하는 잔인한 만행을 이르지만, 큰 나라가 작은 나라를 먹어 치우거나 대기업이 중소기업을 흡수합병하는 것을 이르기도 한다. 식인종을 '카니발cannibal'이라 하는데, 더러 아마존이나 콩고에 있었고 네안데르탈인도 그랬다고 한다. 1500여 종의 동물들이 동족살생을 하는 것으로 알려졌으며, 꼭 먹을 것이 없어서라기보다 자연스럽게 그런 일을 저지른다 한다. 주로 육식성으로 한배에서 난 여러 마리의 새끼 중에서 큰 놈이 잔챙이를 먹는 것은 차라리 예사로운 일로, 침팬지도 새끼를 잡아먹으니 자기 새끼를 먹는 것을 '피리얼 카니발리즘filial cannibalism'이라 한다. 많은 동물들이 가차 없이 유산이나 조산한 것을 먹기도 하고 부화 중인 알을 집어 먹기도 하는데 돼지나 고양이에도 자주 나타나는 일이다. 이는 다음 새끼를 낳는 데 도움을 주기 위한 영양보충 행위로 본다.

'성적 동족포식sexual cannibalism'이라는 것도 있다. 암컷이 동종의 수놈을 제꺼덕 먹어 치우니 거미, 사마귀, 전갈 따위에서 흔히 자행된다. 대표적인 예로 미국이나 호주에 서식하는 독거미의 일종인 '검정과부거미black widow spider'를 드는데, 암컷이 수컷을 짝짓기 직전이나 짝짓기 중 또는 짝짓기가 끝난 뒤에 잡아먹는다.

아니꼽고 얄미우며 못마땅하게도 왜 암컷이 물불 가리지 않고 수컷을 잡아먹고 수컷은 어째서 기꺼이 희생하는 것일까? 모르긴 몰라도 암컷이 알을 낳는 데 많은 에너지가 필요하니 일부러 먹혀서 암컷에 양분을 제공한다는 가설이 제일 우세하다. 종족보존 본능의 하나로 후손을 남기겠다는 시린 비원悲願일 터. 실제로 짝을 잡아먹은 것과 먹지 않은 것을 비교하면 먹은 암놈이 산란율, 알의 크기, 부화성공률이 훨씬 높다고 한다.

아무렴, 머잖아 죽을 목숨이 아닌가. 정신이 회까닥 돌 이야기지만, 사마귀 수놈이 느닷없이 냉큼 암놈에 사로잡힌 채 짝짓기 중에 여지없이 머리부터 아작아작 암놈에게 거침없이 씹히고 있으니 이를 '머리 없는 수놈' 이른바 무두웅無頭雄이라 한다. 수놈은 비록 몸은 비참하고 참담하게 먹히지만 암컷이 오래오래 자근자근 씹어 먹어 시간을 끄는 동안 정자를 꾹꾹 눌러 쏟을 수 있고, 더불어 암놈이 다른 수놈과 짝짓기하지 않으므로 제 정자만 수정의 기회를 가질 수 있다는 것이다. 그래서 죽음을 아랑곳 않고 일부러 암놈에게 머리를 내밀어서 잡혀 먹히는 수놈도 있단다. 한편, 버마재비는 머리를 뜯어 먹히고 나면 성욕 억제 중추가 없어져 더욱 격정적으로 짝짓기를 한다. 그러면 모든 수놈이 다 이렇게 순순히 '죽음의 첫날밤'을 보내려 할까? 그렇지 않다. 여느 생물이나 죽음에 대한 두려움은 피할 수 없는 법이다.

빛 좋은 개살구

옛날 후한後漢의 재상 조조曹操가 살구나무를 뜰에 심어두고 소중하게 가꾸고 있었는데 어찌된 일인지 연일 살구 열매가 줄어들었다. 그래서 머슴들을 모두 모아놓고 "이 맛없는 개살구 나무를 모두 베어 버려라"라고 하니 한 머슴이 "이 살구는 맛이 참 좋은데 너무 아깝습니다"라고 말하여 살구 훔친 도둑을 잡았다는 이야기가 있다. "항우는 고집으로 망하고 조조는 꾀로 망한다"고 하지만 머리 좋은 꾀보 조조를 어찌 머슴 놈이 당할 수 있을라고?

"빛 좋은 개살구"란 겉보기에는 먹음직스러운 빛깔을 띠고 있지만 맛이 없거나 겉만 그럴듯하고 실속이 없는 경우를 이르는데, 비슷한 의미의 사자성어로 겉은 화려하나 속은 빈곤하다는 뜻의 '외화내빈外華內貧', 양의 머리를 걸어놓고 개고기를 파는다는 뜻의 '양두구육羊頭狗肉', 실속은 없으면서 큰소리치거나 허세를 부린다는 뜻의 '허장성세虛張聲勢' 등이 있다. 또 "개살구 먹은 뒷맛"이란 씁쓸하고 떨떠름한 후미後味를, "개살구도 맛 들일 탓"이나 "신 배도 맛 들일 탓"은 시고 떫은 개살구나 신 배도 자꾸 먹어 버릇하면 좋아하게 된다거나 정을 붙이면 처음에 나빠 보이던 것도 점차 좋아짐을 이르는 말이다. "개살구 지레 터진다"는 맛없는 개살구가 참살구보다 먼저 익어 터지듯이 되지 못한 사람이 오히려 잘난 체하며 뽐내거나 남보다 먼저 나섬을 의미하며, "산山살구나무에 배꽃이 피랴"란 산에 나는 살구나무에 배꽃이 필 수 없다는 뜻으로 근본이 나쁜 데서 좋은 것이 나오는 것을 바랄 수 없음을 빗대 이르는 말이다.

빛 좋은, 개살구를 좀 보자. 이름 앞자리에 '개' 자가 붙으면 보통 행실이 형편없는 사람을 비속하게 깎아내리거나 다른 사람의 앞잡이 노릇을 하는 사람을 낮잡아 이르는 말이다. 생물 이름의 '개' 자는 흔히 '뱀'과 함께 못생기거나 맛없으며 먹지 못하는 것을 일컫는다. 아무튼 살구보다 맛이 좀 덜한 개살구*Prunus armeniaca* var. *mandshurica*는 쌍떡잎식물 장미과의 낙엽활엽교목으로 산기슭 양지 쪽에서 자라며 나무 키가 8~12미터이다. 잎은 난형으로 어긋나기를 하고, 길이 5~9센티미터에 폭이 4~8센티미터이며, 끝이 뾰족하고 둘레에 작은 톱니가 난다. 중국, 일본 등지에 널리 살며 한국에서는 중부 이북에 자생하니 추위에 강한 탓인데, 식물도 다 제 살기에 알맞은 기후가 있다는 말이다. 열대식물, 아열대식물, 한대식물이란 말이 그래서 있는 것이다.

꽃은 연붉은색 또는 하얀색으로 4~5월에 잎보다 먼저 한 개씩 피고, 꽃잎은 둥근 것이 길이 10~12밀리미터이다. 열매는 씨가 굳어서 된 단단한 핵으로 싸여 있는 핵과核果로 달걀 모양이면서 떫은맛이 나고 7~8월에 농염하게 노랗게 익는다. 덜 익은 것이 떫으니 이것은 다른 동물에 먹히지 않으려고 온전히 으름장 놓는 것이라면, 익어 노래지면서 단맛이 나는 것은 사람이나 짐승에 따먹히기를 바라는 것이다. 다시 말해, 겉의 달콤한 과육은 먹지만 안에 든 딱딱한 종자는 먹지 못하고 버리거나 밭아 버리니 이렇게 씨를 사방팔방 널리 멀리 퍼뜨리자는 심사다. 열매는 생식하거나 말려서 먹으며 잼이나 주스를 만들기도 하고, 종자는 한방에서 기침, 천식, 기관지염, 급성폐렴, 인후염, 종기 등의 약재로 쓴다.

다음은 개살구의 사촌인 살구나무 이야기다. 살구나무*Prunus armeniaca*는 장미과에 속하는 낙엽활엽교목으로 꽃이 잎보다 먼저 4월경에 피며 연분홍색이고 지름이 25~35밀리미터이다.

꽃받침과 꽃잎은 다섯 개씩이고 수술은 많고 암술은 한 개이다. 세계적으로 아주 오래전부터 널리 재배해온 과일나무로 원산지에 대해 이론이 분분하지만 학명의 종소명인 *armeniaca*에서 보듯이 아르메니아일 것으로 짐작한다. 높이는 5미터 정도로 땅딸막한 편이고 나무껍질은 붉은빛이 돌며, 잎은 6~8센티미터의 넓은 타원형으로 가장자리에 불규칙한 톱니가 나 있다.

살구는 7월에 황색 또는 황적색으로 익으며 맛이 시큼하고 달착지근하다. 열매는 복숭아를 닮았지만 복숭아보다 훨씬 작고 매끈하지만 보드란 짧은 털이 많으며 과육은 상당히 야문 편이다. 씨는 하나로 딱딱한 돌 같은 껍데기로 싸인 핵과이다. 역시 우리나라 중부 이북의 산야에서 자생해온 것으로 추측되며, 일본, 중국, 유럽, 그리고 세계 최대 살구 생산국인 미국 등지에서 널리 재배된다.

살구는 살구나무의 열매로 행인杏仁, 행자杏子, 행핵인杏核仁, 고행인苦杏仁이라 부르며, 과육은 보통 날로 먹거나 건과, 잼, 통조림, 음료 등을 만들어 먹는다. 잘 익은 열매를 따서 씨를 빼고 햇볕에 말려 먹기도 하는데, 이때 이산화황을 처리하여 갈색으로 변하는 것을 억제하여 노란 제 색을 유지한다. 또 약용으로 진해, 거담 효능이 있어 민간에서는 해소, 천식, 기관지염 등에 쓴다. 최근에는 살구 씨앗과 줄기, 잎에서 추출한

'시안배당체cyanogenic glycosides'를 암치료제로 쓴다고 한다. 유럽에서는 오래전부터 살구 씨를 심지어 성욕 촉진제인 최음제로 써왔고, 설사를 나게 하여 변비 치료에도 썼다고 한다.

살구는 둥근 것이 지름 약 3센티미터로 황색이거나 황적색으로 열매의 약 90퍼센트가 과육으로 당분이 주성분이고, 시트르산(구연산), 사과산 등의 유기산이 1~2퍼센트 들어 있으며 무기질 중 칼륨이 가장 많다. 종자에서 짠 살구기름은 미용에 쓰이니 피부에 쌓인 먼지가 서로 엉겨 붙어서 검은 덩어리가 된 블랙헤드 제거와 미백, 기미, 주근깨, 보습 등에 효과가 뛰어나다고 한다. 그러나 씨에는 얼추 2.05~2.40퍼센트의 청산이라는 시안화수소가 들어 있어 독성이 있다. 사과 씨에 독이 있듯이 씨앗이 독성분을 품고 있어 다른 동물에 먹히는 것을 막는다.

보신탕을 먹고 나오면 계산대 옆에 개고기 소화를 돕는다는 씁쓰름한 맛이 도는 말린 살구 씨를 본 적이 있을 것이다. 한자로 살구를 '살구殺狗'라 쓰는데, 살구 씨가 개를 이내 죽일 만큼 독성이 강하다는 뜻이다. 개를 매달아 죽인 나무의 열매라서 그렇게 부르게 되었다고도 하는데 모두 그럴싸하게 들린다.

우황 든 소 같다

소*Bos taurus*는 포유강 소목 소과의 동물이며, 소과에는 소, 들소, 양, 염소, 사슴, 고라니, 노루 따위가 속한다. 소과 동물은 하나같이 머리와 가슴은 작고 몸통이 훨씬 큰 편이며 네 부위로 나뉜 되새김위가 있는 반추동물反芻動物로 각질화된 딱딱한 발굽이 있어 유제류有蹄類라 한다. 원래는 크게 세 종으로 나뉘었으니 우리나라, 유럽, 아프리카 종인 *Bos taurus*, 동남아시아에 사는 어깨에 기름덩이 큰 혹이 나 있어 '혹소humped cattle'라 부르는 *Bos indicus*, 그리고 이들의 조상에 해당하는 멸종된 *Bos primigenius*이 그것이다.

소의 큰 위는 네 개의 방으로 나뉜다. 일단 뜯은 풀을 넣었다가 토해 되씹은 후에 삼켜서 미생물 발효가 일어나는 가장 큰 첫 방을 '혹위', 가장 작은 벌집을 닮은 두 번째 방을 '벌집위', 주름이 많으면서 물을 주로 흡수하는 세 번째 방을 '겹주름위', 마지막으로 사람의 위를 닮은 진짜 위인 '주름위'가 있다.

"우황牛黃 든 소 같다"란 말은 가슴속의 분을 이기지 못하여 어쩔 줄 모르고 괴로워하거나 남에게 말 못하고 마음속으로 혼자 애태우는 답답한 모양을 이르는 말인데, "우황 든 소 앓듯"이라거나 "벙어리 냉가슴 앓듯"과 같은 뜻이다. 황우黃牛란 누런빛을 띤 소를 이르고 같은 말로 황소라 부른다. 우황이란 소의 쓸개관이나 쓸개주머니 안에 생긴 돌을 떼어 응달에서 말린 것이다. 대표적 처방으로는 우황청심원이 있는데 같은 말로 우황청심환이라 하며 흔히 청심환이라고 한다. 이 약은 뇌질환, 중풍, 심장, 신경성 질환에 사용하며 우황, 인삼, 산약을 비롯한 30여 가지의 약재로 만든 알약으로 한의학에서 응급을 요하는 질환에 없어서는 안 될 중요한 약이다.

필자도 평생 속병을 앓았는데 알고 보니 담석증으로 '우황 든 소' 꼴로 살아왔다. 10년도 넘었다. 하도 아파 입원하여 검사하였더니만 간에서 생겨난 담석이 쓸개주머니에 한가득 들어 있어 사정없이 떼어냈을뿐더러 쓸개관에 든 엄지손가락만한 돌 두 개도 들어냈다. 내가 소라면 바로 그 돌이 비싼 우황이렷다! 간에서 담석이 끊임없이 생겨나 담관을 막고 이자관

입구를 틀어막는 탓에 몇 번을 입원하여 돌을 끌어내는 시술도 받았다. 왜 그리도 아픈지. 그런 뒤에도 주기적으로 병원에 가 피를 뽑고 초음파 사진을 찍고 시티 촬영을 하며 아직도 돌을 녹이는 약 두 가지를 먹고 있다. '우황'이 잘 생기는 체질을 타고 난 탓이란다.

"지나가는 소가 웃겠다!"란 말이 있다. 표정이 없는 소가 웃을 정도라면 얼마나 웃기는 일이겠는가. 이는 터무니없는 일이나 말로 이해하기 어렵다는 뜻이며, 어이가 없어서 피식 웃는 웃음을 헛웃음이라 한다지. 아무튼 발정기의 암컷 오줌 냄새를 맡은 수소가 상을 찌푸리면서 입을 크게 벌리니 이를 '플레멘 반응'이라 하는데, '플레멘'은 독일어로 '윗입술을 감아올림'이란 뜻이다. 소나 말 같은 유제류나 범이 속하는 고양이과의 여러 수컷 동물이 이런 짓을 한다.

인터넷에서 찾아본 소에 얽힌 속담이나 관용어가 무려 204개나 되니, 사람과 관계가 깊은 생물일수록 수가 많은 것은 당연한 일이다. 여기에 눈에 익으면서도 뜻있다 싶은 것만 몇 개 골라보았다.

"소 닭 보듯 닭 소 보듯"이란 무덤덤하게 서로 아무런 관심도 두지 않는 사이를 이르는 말이며, "쟁기질 못하는 놈이 소 탓한다"란 자기 능력의 부족을 남의 잘못으로 돌림을 비유적으로 이르는 말이다. "푸줏간에 들어가는 소걸음"이란 벌벌 떨며 무서워하거나 내키지 않은 일을 억지로 하는 모양새를 가리키며, "소더러 한 말은 안 나도 처더러 한 말은 난다"란 소에게는 무슨 말을 해도 절대로 다시 옮기는 일이 없어 새어나가지 아니하지만 처나 가까운 가족에게 한 말은 어김없이 새어나가기 마련임을 빗댄 말이며, "큰 소가 나가면 작은 소가 큰 소 노릇 한다"는 윗사람이 없으면 아랫사람이 그 일을 맡아보게 되는 법임을 비유적으로 이르는 말이다. "도랑에 든 소"는 풍족한 형편에 놓이는 경우를, "도둑놈 소 몰듯"은 당황하여 황급히 서두르는 모양새를, "똥구멍 찔린 소 모양"은 참지 못하여 쩔쩔매는 모양새를 이르는 말이다. "늙은 소 콩밭으로 간다"란 오랜 경험을 통해 이로운 일만 함을 빗댄 말이며, "쇠뿔 잡다가 소 죽인다"는 어떤 사람의 결점이나 흠을 고치려다 도리어 망치게 됨을 이르는 말이다. "미련한 송아지 백정을 모른다"는 겪어보지 않았거나 어리석어 사리에 어두움을, "못된 송아지 엉덩이에 뿔난다"는 되지도 못한 사람이 외려 건방짐을 이른 말이렷다.

소를 생구生口라 불렀다. 우리말에서 식구가 가족을 뜻한다면 생구는 한집에 사는 하인이나 종을 말하는데 이만큼 소를 소중히 여겼다는 뜻이다. 소 없이는 농사를 지을 수 없었고 소

값이 비싸서 재산으로도 큰 구실을 한 탓이다. 소를 인격화한 일화가 많은데, 황희 정승에 얽힌 소 이야기가 유명하다. 황희가 길을 가다가 소 두 마리가 밭을 가는 것을 보고 주인에게 묻기를 "어느 소가 밭을 더 잘 가느냐?" 하였더니, 농부는 황희 옆으로 가까이 다가와서 귓속말로 "이쪽 소가 더 잘 갑니다"라고 하였다. 황희가 이상히 여겨 "어찌하여 그것을 귓속말로 대답하느냐?"고 물으니, 농부는 "비록 미물일지라도 그 마음은 사람과 다를 것이 없으니 한쪽 것이 들으면 질투하지 않겠습니까?" 하였다는 이야기 말이다. 민족의 혼이 가득 밴 내 어머니를 닮은 소다! 이제 필자도 나이를 먹어가니 자꾸만 미련퉁이 황소 고집통이 되어가는지 모를 일이다.

대추나무 연 걸렸네

자기와는 아무 상관없는 일에 "콩이야 팥이야" 공연히 간섭하고 참견하지 말라는 뜻으로 "남의 제상에 감 놔라 대추 놔라 한다"고 한다. 또 "대추나무에 연鳶 걸리듯"이란 이 집 저 집 돈을 빌려 빚을 많이 지고 있다는 말인데, 대추나무 가지에는 얼키설키 억센 잔가지가 다발로 나서 연이 잘도 엉겨 붙는다 하여 생긴 말이다. "콧구멍에 낀 대추씨"란 매우 작고 보잘것없는 물건을, "대추나무 방망이"란 어려운 일에 잘 견뎌내는 모진 사람을, "대추씨 같은 사람"은 키는 작으나 성질이 야무지고 단단한 사람을 이르는 말이다. 대추는 영양가가 좋아 그에 얽힌 속담도 더러 있으니 "대추를 보고 안 먹으면 늙는다"거나 "양반 대추 한 개가 하루아침 해장"이라는 말도 있다.

대추나무*Zizyphus jujuba*는 갈매나무과에 속하며 키가 10~15미
터에 달하는 늘씬하고 꼿꼿이 자라는 낙엽교목이다. 잎은 길이
2~7센티미터 너비 1~3센티미터이고, 빳빳하고 반들반들한
광택을 내는 것이 난형으로 끝이 뾰족하고 밑이 둥글며 도드라
진 잎맥이 세 개 있다. 꽃은 5밀리미터 정도로 작으며 황록색
이고 과실은 1.5~3센티미터인 핵과로 구형 또는 타원형이며,
풋과일은 사과 맛이 나는 진초록이던 것이 반질반질하고 싱그
러운 적갈색으로 익으면서 단맛을 낸다. 영근 대추는 색이 붉
다 하여 홍조紅棗라고도 하는데, 열매가 크고 충실하다고 대조
大棗, 맛이 달다고 목밀木蜜이라고도 한다. 여문 대추는 날로 먹
거나 꼬들꼬들 말려 채 썰어서 떡이나 약식에 쓰며 여러 약용
으로도 쓰인다.

대추나무는 물 빠짐이 좋고 토양이 기름진 곳에서 잘 자란
다. 우리나라 남부지방에서는 당도가 떨어지고 강원도와 같이
너무 북부이면 냉해를 받아 성장이 불가능하거나 과질이 떨어
지는데, 낮밤 기온차가 커야만 당도가 높고 과질이 단단하다.
충청도의 보은대추, 논산의 연산대추, 밀양의 고례대추 등이
유명하다. 원산지는 중국으로 특히 한국과 중국에서는 예부터
과일과 씨앗을 중요한 한약재로 썼다. 서양 사람들이 대추를
'레드 데이트red date' '차이니스 데이트Chinese date' '코리안 데이트

Korean date’라 부르는 까닭을 알 만하다. 주로 한국, 동남아시아, 레바논, 이란, 파키스탄, 인도, 중국 등지에서 재배한다.

대추열매는 새알 같은 모양에 단단한 씨가 들어 있으며, 당 말고도 시척지근하면서 감칠맛이 나는 구연산, 능금산, 주석 산과 같은 유기산이 담뿍 들었고, 혈관 강화 효과를 나타내는 루테인lutein과 타닌tannin이 함유되어 있다. 비타민 B군, 카로틴 칼슘, 철, 인 등과 점액질, 식이성 섬유, 플라보노이드가 있으 며, 비타민 C는 사과나 복숭아의 백 배 정도 들어 있어 천연 비 타민제란 말이 있을 정도다. 또한 천식, 아토피, 항암, 노화방 지, 불면증, 간, 위장병, 빈혈, 전신쇠약 등에 좋으며, 호르몬 의 작용 발현에 중요한 구실을 하는 물질인 ‘고리모양아데노신 1인산cyclic adenosine monophosphate’이 많이 함유된 것으로 알려졌 다. 중국에서는 대추술, 대추식초도 만들어 먹는다.

나무가 고비 늙으면 재목이 단단하여 판목版木이나 떡메, 달 구지의 재료로 쓰였다. 그런데 보통의 늙은 대추나무는 물에 뜨는 데 비해 벼락 맞은 대추나무는 물에 가라앉는다고 한다. 벼락 맞은 대추나무를 벽조목霹棗木이라 하는데 사악한 귀신을 쫓고 재난이나 불행을 막아주며 상서로운 힘이 있다 하여 도 장, 목걸이, 핸드폰걸이, 염주 따위의 부적을 만드는 데 쓰니, 나무가 귀할뿐더러 재질이 매우 치밀한 탓이다. 보통 단단한 대추나무로 태평소나 바둑판, 염주, 바이올린을 만들었다.

　대추나무에는 열매가 많이 열려 가을이면 간짓대로 탁탁 털어서 딴다. 그런 이유로 대추는 풍요와 다산을 의미하니 제사에 필수적이요, 다남多男을 기원하는 상징물로 폐백 때 시부모가 밤이나 대추를 며느리의 치마폭에 던져준다. 또한 가수嫁樹라 하여 음력 정월 초하룻날에 도끼머리로 나무를 두드리거나 대추나무의 두 원가지 새(가장귀)에 돌을 끼워두면 그해 과일이 많이 열린다고 하니 이른바 '나무 시집보내기'이다. 이는 식물도 혼인을 해야 열매를 잘 맺는다는 믿음에서 비롯된 것이다. 다시 말해서 도끼와 돌은 신비한 잉태의 힘이 있는 남성 생식기의 상징으로 여겼다. 사람과 나무를 불이不二로 봤던 조상들의 심성정에 놀라지 않을 수 없다.

　그런데 도끼질이나 돌 박기에 과학성이 있을까? 그렇다. 나무줄기의 바깥에는 잎에서 만들어진 여러 영양분이 내려가는 체관이 있고, 안쪽 딱딱한 목질부에는 뿌리에서 잎으로 물을 수송하는 물관이 있다. 도끼로 두드리거나 돌을 끼울라치면 체관이 다치거나 눌려져서 잎에서 광합성으로 만들어진 양분이 제대로 내려가지 못하고 열매로 몰리게 되어 충실한 과일, 대추를 얻는다. 지금도 과수원에선 과일나무가 크게 다치지 않을 정도로 원줄기의 나무껍질 일부를 살짝 고리모양으로 벗겨

내는 환상박피環狀剝皮를 한다. 환상박피란 과수의 나무껍질을 딱딱한 목질 안까지 6밀리미터 정도의 좁은 고리모양으로 벗겨내는 것을 이른다(나중에 상처부위가 저절로 아문다). 이렇게 도려내면 바깥 나무의 껍질에 든 체관은 잘리지만 안쪽 나무질에 든 물관은 다치지 않고 멀쩡하다. 그래서 잎에서 만들어진 광합성 양분이 아래로 내려가지 못하고 박피 부위보다 위쪽에 축적되어 불룩해지며, 물관부는 손상을 입지 않아 뿌리에서 물이 탈 없이 잎줄기로 죽죽 올라간다.

아무튼 우리나라 사람들은 대추와 '연 걸리듯' 깊은 연을 맺고 사는 셈이다. 대추차는 물론이고 조율이시棗栗梨柿로 제사상 과일 중에서도 제일 으뜸인 윗자리를 차지하니 말이다. 대추는 씨가 하나이므로 임금을, 밤은 한 송이에 세 톨이 들었으므로 3정승을, 배는 씨앗이 여섯 개라서 6조 판서를, 감은 여덟 개의 종자가 들어 있어 우리나라 조선 8도를 각각 상징한다는 속설이 있다. 속설이란 세간에 전해 내려오는 설을 이르는 것인데, 여기 속설은 생물학적으로 꼭 맞지 않는 속설일 뿐이다. 감에 씨가 여덟 개나 들지 않으니 말이다.

진주가 열 그릇이나 꿰어야 구슬

보배 중에 일품인 것은 뭐니 해도 진주이다. 진주는 빈주蠙珠, 방주蚌珠라고도 하는데 매우 아름답고 값나가며 가히 존경할 만한 것을 비유할 적에 쓴다. 보배는 '보패寶貝'가 변한 말로 귀하고 보기 드문 조개껍데기란 뜻이다. '보寶'의 원형은 지붕을 뜻하는 '면宀' 자 아래에 '옥玉'이 들어 있는 모양으로, 뒤에 가서 발음 부호 역할만 하는 '부缶' 자를 더했고 아래에 '패貝' 자를 그려 넣었는데, 패자 아래의 두 점은 보패를 꿸 때 쓰던 실을 의미한다고 한다.

아무리 훌륭하고 좋은 것이라도 다듬고 정리하여 쓸모 있게 만들어놓아야 값어치가 있음을 비유할 적에 "진주가 열 그릇이나 꿰어야 구슬"이라거나 "구슬이 서 말이라도 꿰어야 보배"

라고 한다. 아무런 보람도 바랄 수 없는 쓸모없는 짓을 했을 때 "진주를 돼지에게 던진다"고 하며, 뜻하는 성과를 얻으려면 그에 마땅한 일을 해야 함을 이를 때 "범굴에 들어가야 범을 잡는다"거나 "진주를 찾으려면 물속에 들어가야 한다"고 한다. 하긴 비를 맞아야 무지개를 보고 진한 눈물을 흘려야 영혼의 무지개를 본다고도 하지.

하고 많은 돈이나 재물에 관계된 글자들, 재財, 화貨, 빈貧, 전賤, 매매賣買 등에는 어김없이 '조개 패貝'가 들어 있다. '패'의 원형은 바다고둥 무리인 '개오지'이다. 이가 들락거리는 모습이 이 빠진 어린이 입 모양이라 개오지란 말을 붙인 듯하다. 죽은 개오지의 둥그런 껍데기를 뒤집어보면 가운데 작은 이가 줄줄이 양쪽에 톱니 모양으로 나 있고, 양쪽의 매끈한 껍질이 입 안쪽으로 오므라들어 맞닿아서 마치 여자의 성기와 흡사하다. 그래서 옛날부터 이 고둥껍질을 안산安産, 다산多産, 풍숙豐熟의 뜻으로 품에 넣어 다녔다고 한다. 몰두해서 들여다보면 전체적으로 '패' 자 모양을 엿볼 수 있다. 세계의 패류수집가들이 좋아하는 대표종의 하나이며 제주도에만 가도 선물가게에서 돌하르방을 새긴 개오지를 판다.

패류의 껍데기는 어느 것이나 다 딱딱하고 야물며 녹이 슬지 않으니 주성분이 탄산칼슘$CaCO_3$으로 되어 있기 때문이다.

$Ca+CO_2=CaCO_3$! 칼슘과 이산화탄소가 결합하여 단단하기 짝이 없는 탄산칼슘이 되니 우리 몸의 뼈나 치아는 물론이고 시멘트, 달걀 껍데기도 모두가 탄산칼슘 아닌가! 진주 성분은 95퍼센트의 탄산칼슘과 5퍼센트의 단백질의 일종인 콘키올린conchiolin이 주성분으로, 무기물의 일종인 아라고나이트aragonite와 방해석方解石이 콘키올린과 결합하는 수도 있다. 패류껍질은 지구의 이산화탄소를 담아놓은 것으로, 지구에는 공중에 떠 있는 0.035퍼센트의 이산화탄소 말고도 이렇게 저장된 것도 있다. 생태계의 물질 순환 중에서 '탄소 순환'에 귀중한 몫을 한다.

진주조개, 대합, 전복 따위의 부족류斧足類 조개가 먹이 섭취 및 호흡을 하는 중에 아주 작은 현미경적 유기물이나 기생충 같은 이물질이 조개껍데기와 조개껍질의 속을 감싼 얇은 외투막에 낄 때, 진주조개는 진주 성분을 그득 분비하여 그 둘레를 싸면서 무해한 것으로 만들려고 하는데, 이리하여 외투막에서 광택 나는 진주 성분이 진주층을 이룬 것이 천연진주요 이것이 인공진주가 만들어지는 원리이다. 알고 보면 결국 인공양식 진주라는 것은 얄궂게도 딱딱한 둥근 조개껍질의 겉에 천연진주 성분을 살짝 입힌 천연진주를 흉내 낸 가짜 진주인 것이다.

우리 몸에서도 비슷한 일이 일어난다. 전쟁터에서 날아온 총알이 몸 안에 박히거나 손에 가시가 꽂히거나 하면 총알이나 가시를 딴딴한 섬유성 물질이 에워싼다. 또 탄광에서 오래 채탄한 사람들 중에 진폐증 환자가 많으니 탄산칼슘을 분비하여 단단하게 둘러싸는 석회화도 진주 생성과 같은 이치다.

우리나라에서 채집되는 네 종 중 대표적 것이 귀태 나는 진주조개*Pinctada japonica*로 이것이 양식진주의 모패母貝이다. 전체적인 껍질 형태는 사각형에 가깝고, 각정殼頂은 앞쪽으로 치우쳐 있으며, 앞뒤에 뾰족 나온 귀의 크기가 비슷하다. 제일 바깥의 표면에는 비늘 모양의 작은 돌기들이 성장맥을 따라 촘촘히 나 있고 안쪽 진주층은 말 그대로 눈부시게 영롱한 진주 광택을 내는데, 흔히 홍합이라 부르는 '진주담치'의 속껍질도 비슷한 색이다. 납작한 진주조개는 수심 10미터 근방에 홍합처럼 족사足絲를 내서 바위에 달라붙으며, 세로와 가로가 각각 9센티미터, 8센티미터 정도이다. 우리가 즐겨 부르는 「진주조개잡이」 노래가 있지 않은가. "새파란 수평선 흰 구름 흐르는 (……) 오늘도 즐거워라 조개잡이 가는 처녀들."

인공진주를 만들 적에는 민물진주인 경우에는 외투막 조각을 넣고 바다진주일 때는 두꺼운 조개를 잘게 잘라 깎은 동그란 핵을 진주조개의 생식소와 장관腸管 근처에 심으니, 핵은 1년에 약 0.5밀리미터 두께로 두꺼워진다. 그렇다. 한때는 우리나라의 두드럭조개*Lamprotula coreana*를 대량으로 잡아 일본으로 수출한 적이 있었는데, 나중에 알고 보니 바로 진주조개의 핵을 만들기 위함이었다. 지금의 서울 워커힐 앞쪽 강나루 녘에 사방으로 널렸던 그 많던 두드럭조개가 어느새 목숨이 간당간당한 위기종으로 몰리게 될 줄 누가 알았겠는가. 두드럭조개는 종명의 *coreana*에서 보듯이 한국 고유종으로 민물조개 중에서 껍질이 7밀리미터로 제일 두텁고, 색깔도 뽀얀 것이 진주조개의 핵으로 안성맞춤이다.

'노방생주老蚌生珠'라 늙은 조개가 진주를 낳는다. 의당 아린 상처를 영롱한 보석으로 승화시키는 진주조개의 인내를 노상 값진 삶의 교훈으로 삼아야 할 터! 방주를 물고 있는 조가비는 가눌 길 없이 몸서리치게 쓰리고 아픈 신산의 고통에다 심한 구역질까지 줄곧 참으면서 피 말리는 세월을 천연덕스럽게 품어 안고 있었다. 인내는 쓰나 그 열매는 달다!

귓구멍에 마늘쪽 박았나

우리나라 건국신화는 원시시대부터 민간에서 구비되어 왔으나 가장 오래된 기록은 일연一然의 『삼국유사三國遺史』에 실려 있다. 고기古記를 조금 줄이고 나름대로 보태 옮겨 보았다.

환인의 아들 환웅이 인간 세상을 탐구하고자 하매, 환인이 인간을 홍익할 만하다 여겨 보인寶印인 천부인天府印 세 개를 주어 다스리게 하였다. 환웅은 3000명의 무리를 거느리고 태백산 마루의 신단수(박달나무) 아래에 신시를 열고 여러 신들과 함께 세상을 다스렸다. 이때 곰과 호랑이가 사람이 되고자 하여, 환웅은 쑥 다발과 마늘 스무 쪽만으로 100일간 햇빛을 보지 않으면 사람이 될 수 있다 하였다. 금기를 지키지 못한 범

은 사람의 몸을 얻지 못했으나 참을성 많은 곰은 삼칠일을 견뎌내 웅녀가 되었고, 이에 환웅은 잠시 사람으로 변하여 웅녀와 혼인하여 아들을 낳으니 그가 곧 단군왕검이시다.

"귓구멍에 마늘쪽 박았나"라거나 "귀에다 말뚝을 박았나"는 잘 알아듣지 못하는 사람을 핀잔하는 말이요, "문둥이 콧구멍에 박힌 마늘씨도 파먹겠다"는 욕심이 사납고 남의 것을 탐내어 다랍게 구는 사람을 욕하는 말이다. '마늘각시'란 껍질을 깐 마늘처럼 빛깔이 하얗고 피부가 말쑥하고 반반한 색시를 이르며, '마늘등'이란 마늘의 쪽처럼 세모기둥 꼴로 만든 초파일날 등을 이른다.

마늘*Allium sativum*은 영어로 '갈릭garlic', 한자어로 대산大蒜, 호산葫蒜이라 부르며, 외떡잎식물인 백합과의 여러해살이풀로 양파, 쪽파, 부추와 아주 닮은 식물이다. 우리나라 산山마늘을 멩이, 맹이, 명이라고도 하는데 울릉도에서는 이른 봄에 먹는 중요한 산나물의 하나이다. 마늘은 야생마늘*Allium longicuspis*에서 생겨났는데, 구근球根식물로 키가 1.2미터나 자라며 암수한그루에 양성화로 벌이나 다른 곤충이 수분하고 작은 열매가 맺힌다. 중앙아시아 원산으로 중국은 적어도 2000년 전부터 존재했으며 고대 이집트에서도 요리나 약재로 썼다. 우리나라를 비롯하여 중국, 일본 등 극동에서 많이 재배되며, 중국이 세계 마늘 생산량의 77퍼센트이고 인도가 4.1퍼센트이며 한국이 자그마치 2퍼센트라고 한다.

마늘은 톡 쏘는 맛과 냄새를 제하고는 100가지 이로움이 있다고 하여 '일해백리一害百利'라고 부르는데, 오늘날에는 세계 10대 건강식품으로 선정될 정도이다. 그럼 그렇고말고, 단군신화에도 등장하는 마늘이요, 쑥과 마늘이 원시시대부터 우리나라에서 식용했던 영초靈草였음을 반증하는 것이렷다! 마늘은 3대 영양소 말고도 비타민 B_1, 비타민 B_2, 비타민 C, 글루탐산glutamic acid, 칼슘, 철, 인, 아연, 셀레늄, 알리신 등 다양한 영양소가 들어 있다. 식욕증진 효과가 있으며 우리나라에서는 거의 모든 요리에 쓰이니, 비린내를 없애는 향신료로 정력이나 원기를 보하는 강장제로도 사랑을 받는다. 히포크라테스Hippocrates도 마늘은 기생충 퇴치는 물론이고 호흡기 질환, 소화불량, 정력 부족에 먹으면 좋다고 했고, 현대 의학에서도 감기, 혈당 조절, 콜레스테롤 감소, 각기 예방, 비타민 B_1 흡수 촉진, 남성 호르몬 생성 촉진, 고혈압, 동맥경화, 대장암, 위암에 좋은 것은 물론이고, 피부 곰팡이를 죽이며 선충이나 곤충에 대한 살충효과도 있다고 한다. 허허, 이런 만병통치약이 어디 있나! 도무지 만만히 봐선 안 될 대수로운 식물이로군!

마늘의 대표적 성분은 알리인alliin이라는 유황화합물인데 이것은 아무런 냄새도 없지만 마늘껍질을 벗기거나 빻거나 다지는 등 조직이 다치는 순간 알리이나아제alliinase라는 효소가 작용해 자기방어 물질인 알리신이 된다. 마늘이 냄새를 풍기는 것은 자기 몸을 보호하기 위한 일종의 타감작용他感作用으로 허브식물의 독특한 향기나 고추의 캡사이신 등도 타감물질이다. 알리신은 강력한 살균·항균작용을 하고 비타민 B_1과 결합해 알리티아민allithiamine으로 변해 피로 해소나 정력 증강에 도움을 준다. 마늘을 깔 때 눈이 매운 것도 알리신 때문이며 그래서 흐르는 물이나 물에 담아 까면 알리신이 물에 녹는 탓에 덜 독하다. 마늘을 까고 난 손가락 끝에 밴 냄새는 식초 몇 방울로 씻으면 이내 말끔히 사라지고 우유를 마시면 마늘 냄새가 없어진다고 한다. 마늘 냄새는 입김에는 물론이고 전신에서 땀에 묻어나온다. 그래서 옛날 김포공항에는 마늘 냄새가 진동하였다고 하지 않는가, 서양 공항에서는 고약한 버터 냄새가 물씬 풍기고⋯⋯.

　마늘의 어린잎은 말할 것도 없고 덜 여문 마늘은 식초에 담아 먹으며, 마늘의 꽃줄기인 기름한 마늘종은 볶아 먹거나 간장에 담아 장아찌로 먹는다. 장아찌를 먹는 나라는 우리나라뿐이란다. 물론 서양에서도 마늘빵, 마늘 토스트를 해 먹는다. 생마늘은 느끼하고 역해서 주로 불에 구워 먹으며, '블랙 푸드black food'라고도 부르는 흑마늘을 만들어 먹기도 한다. 필자도 직접 만들어 먹는데 통마늘을 보온밥통에 넣고 '보온'으로 맞춰둔 후 15일이면 말랑말랑한 흑마늘이 된다. 그것을 한 닷새 볕에 널어 말린 다음 껍질을 벗기고 다시 며칠을 말리면 손에 묻는 끈적끈적한 진도 잦아들고 존득존득한 것이 맵고 자극적인 향도 사라지고 단맛까지 나니 마늘을 꺼리는 사람도 쉽게 먹을 수 있다.

현재까지 알려진 40여 종의 항암식품 중에서 효과가 으뜸인 것이 마늘이란다. 마늘의 메틸시스테인methylcysteine은 간암, 대장암을 누르고, 암을 예방하는 것으로 알려진 무기질 셀레늄을 토양에서 흡수·저장한다. 마늘은 호르몬 분비를 활발히 하여 정자와 난자의 발육을 돕고, 스코르디닌scordinin이란 물질은 음경의 해면체를 건강케 한다. 부추를 흔히 기양초起陽草, 장양초壯陽草, 파벽초破壁草라 부르며 정력에 좋은 채소라 하는데 이것에 비하면 마늘은 분명 한참 윗길(上品)이다.

무 밑동 같다

　도와주는 사람 없이 홑지고 외로운 처지일 때를 "무 밑동 같다" 하고, "정월 지난 무에 삼십 넘은 여자"란 철이 지나 시세가 없게 된 사물을 비유적으로 이르는 말이며, "삶은 무에 이도 안 들 소리"란 삶아놓아서 물렁물렁한 무에 이가 안 들어갈 리 없다는 뜻으로 전혀 사리에 맞지 않는 말을 빗댄 말이다. "무시 꼬랑지 못 먹을 때 보자" 하면 늙어 힘 빠질 때 복수하겠다는 말이며, "무에 바람 들다"란 무 따위가 얼었다 녹았다 하는 바람에 물기가 빠져 푸석푸석하게 되듯 다 돼가는 일에 탈이 생긴 경우를 이른다. 북한 말에 "무 캐다 들킨 사람 같다"는 말이 있는데 이는 무슨 짓을 몰래 하다가 들켜서 몹시 무안해함을 이르는 말이며, "모래밭에서 무 뽑듯"은 아이를 술술 무

탈하게 자주 잘 낳는 모습을, "무 다리"는 무처럼 다리가 굵음을 은유적으로 쓰는 말이다.

"가을 무 꽁지가 길면 겨울이 춥다"거나 "무 껍질이 두꺼우면 그 겨울이 춥다"고 하는데, 배추의 뿌리가 길고 낙지가 깊게 들면 겨울이 길고 몹시 추울 징조라 한다. 이렇듯 생물이 일기예보관이라 까치가 예년보다 높게 집을 지으면 그해 여름 홍수가 지고 어름치가 산란탑産卵塔을 물가에 지으면 역시 비가 많이 올 징조이다.

무Raphanus sativus는 노복蘆菔, 청근菁根이라 하며 지중해 동부 지역이 원산지이다. 세계적으로 선사시대부터 재배된 곧은뿌리로 속명인 Raphanus는 그리스어로 '빨리 싹틈', sativus는 '재배함'이라는 뜻이다. 키가 60~100센티미터이며 잎은 뿌리에서 뭉쳐나고 저장근인 뿌리는 둥글고 길며 끝자락에 쥐꼬리 같은 큰 뿌리와 잔뿌리들이 여럿 난다. 우리나라에선 무를 배추, 고추와 함께 3대 채소로 친다.

무는 1년 또는 2년생 초본이다. 우리나라처럼 겨울이 매우 추운 곳은 한해살이지만 따뜻한 곳에서는 겨울나기를 하고 1미터나 되는 긴 꽃줄기가 나와 장다리꽃을 피우니 두해살이풀이다. 꽃은 달걀을 거꾸로 세운 모양으로 4~5월에 피고, 거의 백색이면서 네 장의 꽃잎이 십자형으로 배열되기에 십자화과라 부르고 배추과 또는 겨자과라고도 한다. 암술 한 개와 수술이 여섯 개 나며 한 꼬투리에 10여 개의 씨가 열린다.

첫 서리가 내릴 무렵이면 배가 고픈 나머지 무를 밭에서 쑥 뽑아 손톱으로 두꺼운 껍질을 쓱쓱 벗기고는 생것을 꾹꾹 씹어 먹었으니, 매운 듯 달착지근한 것이 허기진 배를 달래는 데 으뜸이었고 먹고 좀 지나면 무트림을 하니 쿠린 냄새가 진동한다. 무에는 녹말 분해효소인 디아스타제라는 것이 많이 들어 있어 소화를 돕는데, 이는 아밀라아제amylase의 약전명藥典名이다. 또한 무는 비타민 C, 포도당, 과당, 미네랄, 칼슘 등 각종 약용 성분이 들어 있어 반찬감으로 으뜸이라 우리 밥상에는 언제나 무 아니면 배추 반찬이 자리한다.

무에는 보통 큰무와 소형종인 알타리무, 뿌리가 잘고 무청이 실한 열무, 큰무에 비해 야위고 쪽 곧은 단무지무, 모양은 대개 동그란 팽이 같으면서 대부분 흰색이지만 겉에만 자줏빛을 띠거나 속까지 자줏빛인 순무가 있다. 무로 만든 음식이나 자료에는 무나물, 깍두기, 총각무, 무생채, 무밥, 무김치, 무국, 무조림, 무말랭이, 김치, 총각김치, 열무김치, 동치미 등이 있고, 무 잎을 말린 시래기로도 여러 요리를 하니 시래기나물, 시래기된장, 시래기볶음, 시래기고등어꽁치조림 등이 있다. 또한 무씨에서 싹을 내어 기른 무순은 샐러드로도 먹는다.

무는 한더위가 가실 무렵인 8월 초·중순 언저리에 감자, 상추, 아욱 등의 봄채소를 거둔 자리에 씨를 뿌리고, 무서리(묽은 서리)가 내릴 무렵 추수한다. 뿌리를 먹을지 아니면 무청을 쓸지에 따라 종자를 골라 심어야 하는데 필자는 둘을 다 쓰려고 절충식 종자를 택한다. 알고 보면 보통 밭에선 이모작을 하니, 두 종류의 농작물을 봄가을에 각각 두 번 심어 먹는다. 참고로 이기작二期作이란 한곳에서 1년에 2회 동일한 농작물을 재배하는 방식을 일컫는 말로, 만일 벼를 한 논배미에서 두 번 수확했다면 이는 이모작이 아니고 이기작이다.

필자도 해마다 하는 일이지만 알차고 통통하게 실한 것은 김장용으로 쓰고 남는 무는 물이 고이지 않는 곳에 허방다리처럼 깊게 구덕을 파서 갈무리하는데, 그러면 3월까지 조금씩 캐서 먹을 수 있다. 묻는 무는 뿌리와 줄기를 칼로 잘라낼 때 줄기를 충분히 남겨야 하는데, 뿌리의 윗부분이 상처를 받으면 보관 중에 짓무르기 일쑤다. 구덩이에다 무를 숯가마 속에 장작을 차곡차곡 쌓듯이 엇비슷하게 세워 쟁여 묻은 다음, 그 위에 너스레처럼 나무 작대기 몇을 지긋이 버성기게 걸치고 그러모은 짚을 두텁게 깔아 흙으로 덮고 그때그때 빼먹기 쉽게 입구를 내어 볏짚으로 마개를 해두니, 먼발치에서 보면 그 꼴이 천생 무덤을 닮았다. 한겨울 먹을 게 없으면 구덕의 무를 빼다 먹는데, 시름시름 빼먹었는데도 나중에는 손이 닿지 않으니, 그때는 자루 긴 부엌칼로 찍어서 빼낸다. 물론 무를 썰어 무말랭이로 말리는 재미도 쏠쏠하며 고춧잎과 함께 고추장에 묻혀 먹는다.

무를 수확한 후 무청을 모아 만드는 시래기는 새끼줄이나 굵은 비닐 줄에 줄줄이 걸어 말리는데, 주의할 것이 있다면 잘라 말리기 시작할 무렵에 자칫하면 무청이 얼어 조직이 망가져 질 것이므로 기온이 영하로 내려가기 전에 미리 말려서 걸어야 한다. 얼마간 말린 뒤에는 꽁꽁 얼어도 문제가 없다. 또 직사광선에서 말리면 잎사귀가 누렇게 변질되니 꼭 통풍이 잘 되는 그늘에서 말려야 한다. 내 시래기는 농약을 치지 않은 것이라 집사람에게 환영을 받는다. 모름지기 남자란 너 나 할 것 없이 어린아이처럼 자기 부인한테서 칭찬받기를 좋아한다. 마누라한테서 인정받기 위해 허구한 날 죽을 둥 살 둥 물불가리지 않고 치열한 삶을 산다. 불쌍한 수컷들!

한겨울 오밤중에 배가 출출하면 장독대 동치미를 들어내 삐뚜름하게 썰어 먹기도 하지만 뒷마당 무구덩이의 무를 꺼내와 생 무를 삐져 먹곤 했다. 독 속의 홍시나 곶감은 고급 주전부리였고 인절미가 있는 날에는 화롯불에 구워서 꿀에 찍어 먹었다. 그 못살던 시절을 용케도 견뎌내고 여태껏 버티고 있는 것을 보면 정녕 기적이라 하겠다. 무엇보다 굶음에 이골이 난 기아 유전자 덕택일 듯싶다.

시다는데 초를 친다

"초를 치다"란 한창 잘되는 일을 방해해서 일이 잘못되거나 시들해지도록 만듦을 비유적으로 이르는 말이다. "초 판 쌀이라"란 적은 물건은 여러 번 생겨도 흐지부지 없어져 모을 수가 없음을, "쥐 초 먹은 것 같다"란 얼굴을 잔뜩 찌푸리는 모습이나 나부라져서 옴짝도 못하는 꼴을, "시다는데 초를 친다"란 가뜩이나 새콤한데 초까지 또 친다는 뜻으로 일이 엎친 데 덮친 경우를 이르는 말이다. "식지食紙에 붙은 밥풀"이란 하찮은 것은 그럭저럭 없어지고 만다는 의미이며, "식초병보다 병마개가 더 시다"란 본래의 것보다 딸린 것이 오히려 속성을 물씬 드러낸다는 의미이다. 그 밖에도 한자리에 오래 붙어 있지 못하고 자주 왔다 갔다 하는 모양새를 이르는 "국수집 식초병 같다"는 말도 있다.

식초의 영어 단어 '비니거vinegar'는 프랑스어로 포도주vin와 신맛aigre을 합친 '비네그레vinaigre'에서 온 말로, '시큼한 술sour wine'이란 뜻이다. 식초의 주성분은 초산, 즉 아세트산과 물이며 초산균에 의해 술이 초산발효된 것이니, 식초의 어머니는 술이다! 식초의 발효는 와락와락 대번에 되는 것이 아니고 적어도 몇 달 혹은 몇 해를 묵혀 간수해야 곰삭게 된다.

술독의 누룩곰팡이들이 녹말 덩어리인 입쌀로 지은 고두밥을 엿당에서 포도당으로 분해하고, 효모를 비롯한 여러 미생물들이 포도당을 술로 만들어가는 과정을 알코올 발효라 한다. 초산세균들이 알코올을 아세트알데히드에서 초산(식초)으로 만드는 것이 초산 발효이며, 이는 산소가 있어야 하는 발효이다.

포도당이나 술이나 식초 모두 일단 세포의 미토콘드리아에서 세포호흡이 일어난다. 흡수된 포도당은 피를 타고 세포의 미토콘드리아로 들어가 산소와 결합하여 10단계가 넘는 해당解糖 과정을 거친 다음에 크렙스 회로Krebs cycle로 들어가 에너지와 열, 이산화탄소를 내게 된다. 크렙스 회로를 TCA 회로, 구연산 회로, 시트르산 회로, 귤산 회로라 하는데 이 이름들은 모두 다 같이 구연산에서 시작하여 회로가 일어나고, 호박산, 능금산 등의 유기산이 차례로 만들어지면서 회로가 완성된다.

덧붙이면 우리가 마신 술은 알코올 분해효소의 힘을 빌려 아세트알데히드를 거쳐 초산이 되고, 이것이 구연산 회로로 들어간다. 결국 밥보다는 엿이, 엿보다는 포도당이, 포도당보다는 술이, 술보다는 식초가 더 빨리 에너지를 낸다는 것을 알았을 것이다. 과일에는 여러 유기산이 들어 있기에 과일을 먹으면 식초보다 훨씬 빨리 피로회복에 도움을 준다. 시중에서 파는 음료수 중에 구연산이 들지 않은 것이 없으니 병 따위에 쓰인 성분을 마음먹고 한번 확인해보라.

식초를 만들거나 저장할 때 쓰는 그릇을 '초병' 또는 '초항아리'라고 한다. 이는 도기陶器의 한 종류로 다른 항아리에 비해 목이 짧고 아가리보다는 배가 더 부르며, 어깨나 배에 손잡이나 식초를 따르는 데 편리하도록 주전자의 부리 같은 귀때를 붙였다. 옛날 매운 시집살이를 하던 어머니들은 이 보물단지를 뜨뜻한 부뚜막 위에 놓아두고 식초를 빚었고, 쓰다 남은 초찌꺼기를 맛이 한물간 툽툽한 막걸리에 섞어 초를 죽이지 않고 애지중지 신명을 다해 건사하여 초를 살려갔다. 온통 자급자족했던 시절엔 그랬으니 지금 사람들이야 알 턱이 없다. 이때 단지 주둥이를 솔가지나 짚을 묶어 지긋이 막아뒀으니 초가 숨쉴 공기가 잘 통하라고 그랬던 거다.

여름이면 초병 근방에 눈곱만 한 파리가 달려드니 '초를 좋아하는 파리'라 하여 '초파리'라 불렀다. 서양에서는 초파리를 과일에 곧잘 날아든다 하여 '프루트 플라이fruit fly'라 한다. 과일 껍질을 그릇에 모아 베란다나 마당가에 놓아두면 초파리가 소리 소문 없이 마구 지천으로 달려드니 어린이들 생물 실험에 더 이상 좋은 것이 없다. 전공하는 사람들은 야외에서 초파리를 채집할 적에 포충망으로 풀숲을 마구 훑기도 하지만 초파리가 가장 좋아하는 바나나 껍질을 미끼로 놓아 잡기도 한다.

각국의 내로라하는 발효식초는 그 나라에서 생산되는 알코올이나 많이 재배되는 과일류에 매여 있다. 미국의 사과식초, 프랑스의 포도식초, 맥주를 발효시킨 영국과 독일의 맥아식초나 알코올 식초, 청포도로 만드는 이탈리아의 발사믹 식초, 우리나라의 감식초, 일본의 현미식초, 밀이나 수수를 섞어 만드는 중국의 흑초, 필리핀의 사탕수수 식초나 니파야자nipa palm 식초, 동남아시아의 코코넛 식초, 중동의 대추식초, 뉴질랜드의 키위 식초, 티벳 버섯인 콤부차kombucha 식초, 드물지만 이탈리아나 프랑스 등지에서 만드는 꿀 식초 등이 있다.

식초는 예부터 중요한 조미료로 사용되었고 살균력이 강하여 대부분의 병원균을 사멸시키므로 식초에 담근 피클과 같은 식품은 보존성이 높다. 또 식초는 비린내를 없애기에 생선구이나 생선회 같은 날 음식을 먹을 때 쓰며, 소금과 식초로 간을 한 일본 음식인 초밥도 부패를 방지하는 식초의 성질에 뿌리가 있는데, 밥에 얹는 고추냉이 역시 생선조각의 부패를 막는다.

식초는 담즙이나 부신피질 호르몬을 생성하고 비만 예방과 간 기능 강화, 생장 촉진, 당대사 촉진, 면역력 증강과 피로회복을 돕고, 산소와 헤모글로빈의 친화력을 높여 뇌에 충분한 산소를 공급해주고 기억력을 증진한다. 특히 파로틴의 분비를 촉진하여 세포의 노화를 막고 뼈를 강하게 하며, 체내의 칼슘 흡수력을 높여 뼈의 굳기를 늘린다. 아울러 타액과 위액의 분비를 촉진하여 식욕을 증진하고 소화 흡수를 돕는다. 연탄가스 중독에도 직방이었던 식초가 아니던가. 영락없이 만병통치약이라 해도 지나치지 않은 영험한 신통력이 있는 식초렷다!

메뚜기도 유월이 한철이다

"메뚜기도 유월이 한철이다"와 "뻐꾸기도 유월이 한철이라"는 제때를 만난 듯 한창 날뜀을 이르는 말이며, "산신 제물에 메뚜기 뛰어들 듯"이나 "산젯밥에 청메뚜기 뛰어들 듯"이란 자기에게는 당치도 않은 일에 참여하는 모양을 빗댄 말이다. "황충蝗蟲이 간 데는 가을도 봄"이란 풀무치 떼가 지나가면 농작물이 크게 해를 입어 가을 추수 때가 되어도 거둘 것이 없어 봄같이 궁함을 빗댄 말이며, 메뚜기 이마빡의 됨됨이가 길쭉함을 비유하여 "방아메뚜기의 이마가 빈대머리처럼 벗어지다"라고도 한다. 아무튼 다 때가 있으니 밭농사나 사람농사나 적기를 놓치면 두고두고 후회하는 법이다. '주자십회훈朱子十悔訓 소불근학노후회少不勤學老後悔'라 했으니, 젊어서 부지런히 배우지 않으면 늙어서 뉘우치고, '춘불경종추후회春不耕種秋後悔'라, 봄에 씨를 뿌리지 않으면 가을에 후회한다고 했다.

메뚜기목에 속한 종을 통칭하여 '메뚜기grasshopper'라 부르는데, 거기에는 귀뚜라미, 꼽등이, 땅강아지, 베짱이, 여치, 풀무치, 벼메뚜기들이 포함된다. 전 세계에 2만여 종이 존재하며 한국에는 200종 안팎이 있다. 메뚜기 무리를 직시류直翅類라고 하는데 날개가 두 쌍으로 앞날개는 곧게 굳어 빳빳하다고 부르는 말이며, 뒷날개는 보드라운 막질膜質로 부채 모양이며 가만히 있을 때는 앞날개 속에 접어 넣는다. 영어 '그래스호퍼'는 풀 위를 폴짝폴짝 뛴다는 뜻이며, 그래서 바쁘게 이 나라 갔다가 저 나라 오가면서 외교를 벌일 때 '메뚜기 외교'라 한다.

메뚜기는 곤충의 특징을 죄다 갖췄기에 고스란히 곤충 설명의 대변자로 쓰인다. 몸은 머리·가슴·배 세 부분으로 나뉘고, 날개 두 쌍과 다리가 세 쌍 있으며, 머리에는 더듬이 한 쌍과 큰 겹눈 한 쌍, 작은 홑눈이 세 개가 있다. 가슴은 앞가슴·가운데가슴·뒷가슴의 세 체절로 구성되고, 앞날개가 가운데가슴에 뒷날개는 뒷가슴에 달려 있으며, 일반적으로 앞날개가 뒷날개보다 좁고 두껍다. 또 각 가슴체절에는 다리가 한 쌍씩 붙으며 뒷다리는 도약에 알맞게 되어 있다. 벼룩이나 메뚜기가 높고 멀리 뛰거나 재빠른 날갯짓을 하는 것은 결코 근육의 힘이 아니라 외골격에 든 레실린resilin 단백질의 탄성 때문으로, 이 특성과 원리를 운동기구나 의학, 전자기구 만드는 데 응용하고 있다.

메뚜기의 한살이는 알에서 여러 번 탈피하는 애벌레에서 어른벌레로, 번데기를 거치지 않는 불완전변태를 하므로 애벌레는 날개만 작은 성충 모습이다. 일반적으로 완전변태의 경우는 애벌레를 유충幼蟲이라 부르지만 불완전변태하는 애벌레는 약충若蟲이라 부른다. 암컷은 배 끝에 있는 산란관 돌기를 땅속에 밀어 넣어 알을 낳는다.

풀무치Locusta migratoria 이야기다. 풀무치는 메뚜기과의 곤충으로 메뚜기보다 날개가 발달하여 높이 올라가 멀리까지 난다. 몸길이는 수컷이 약 45밀리미터이고 암컷이 60~65밀리미터이며 다른 곤충들처럼 암컷이 수컷보다 크다. 체색은 녹색이거나 갈색이고 벼과식물을 주로 먹으며 온도, 습도, 햇빛, 먹이 등의 조건이 적합하면 많은 개체가 발생해 떼를 지어 휘몰아치면서 스스럼없이 농작물을 닥치는 대로 먹어 치운다. "작고 여리면 모여야 산다"고 하던가…….

풀무치를 황충蝗蟲이라고 하는데, 노벨문학상 수상작가 펄벅Pearl S. Buck의 소설, 『대지The Good Earth』에 나오는 '메뚜기 떼'가 바로 이 풀무치다. 『대지』에는 섬뜩하고 소름 돋는 풀무치

떼가 잘 묘사되어 있다.

　남쪽 하늘에 검은 구름처럼 지평선 위에 걸려 있더니 이윽고 부채꼴로 퍼지면서 하늘을 뒤덮었다. 세상이 온통 밤처럼 캄캄해지고 메뚜기들이 서로 부딪치는 소리가 천지를 진동했다. 그들이 내려앉은 곳은 잎사귀 하나 볼 수 없고, 모두 졸지에 황무지로 돌변했다. 아낙네들은 향을 사다가 지신님께 도움을 청하는 기도를 올렸고, 남정네들은 밭에 불을 지르고 고랑을 파며 장대를 휘두르며 메뚜기 떼와 싸웠다.

　실로 황충이 휩쓸고 간 데는 가을도 봄이란 말이 실감난다! 사막메뚜기도 수억 마리가 그 짓을 하는데, 이는 별안간 뇌의 시상하부에서 생성되는 신경전달물질인 세로토닌serotonin이 증가한 탓으로, 체색이 바뀌고 많이 먹게 되며 새끼를 많이 깔겨 한껏 몰려다니면서 다짜고짜로 풀이란 풀을 거덜 낸다.

　벼메뚜기 이야기를 뺄 수 없지. 벼메뚜기Oxya chinensis sinuosa는 몸길이가 약 21~35밀리미터이고, 수컷은 염색체가 23개 암컷은 24개이며, 알은 땅속에서 아교질의 엷은 막으로 싸인 상태로 월동한다. 메뚜기를 꽉 쥐면 입에서 거무죽죽한 냄새나는 진을 토하는데 이는 스스로를 보호하기 위한 방어물질이다.

'똥구멍 찢어지게' 배고팠던 시절에 벼메뚜기는 개구리, 다슬기, 미꾸라지와 함께 푸진 단백질원으로 으뜸이었다. 늦가을이면 벼논이나 논둑을 헤매면서 메뚜기를 잡아 강아지풀 줄기로 목을 줄줄이 꿰거나 병에 잡아넣느라 정신이 없었다. 메뚜기 잡기에 이력이 나 오목하게 오그려 쥔 손바닥을 휙 내둘러 녀석들을 잡았으니 백발백중이요 암수가 짝짓기 중인 것은 일석이조였다. 암컷 방아깨비도 우리의 먹잇감이었으니 크고 긴 뒷다리 둘을 포개 잡아보면 몸통을 끄덕끄덕하는 꼴이 꼭 디딜방아 찧는 모습이라 방아깨비란 이름을 얻었으리라. 논에서 잡아온 메뚜기를 소금 뿌린 기름에 튀기고 볶아 먹으니 노릇노릇 바삭바삭 그렇게 고소할 수가 없었다. 아 이런, 이 순간에도 입에 군침이 한가득이다.

가지나무에 목을 맨다

"가지나무에 목을 맨다"란 워낙 딱하고 서러워서 목맬 나무의 크고 작음을 가리지 않고 죽으려 든다는 뜻으로 찬밥 따신밥 가릴 처지가 아님을 의미한다. "가지 따 먹고 외수外數한다"는 사람의 눈을 피해 나쁜 짓을 하고도 버젓이 시치미를 떼면서딴전 부리는 것을 빗댄 말이다. 또 "재수 좋은 여자는 넘어져도가지 밭에 넘어진다"는 말은 잘되려면 실수를 해도 전화위복이된다는 의미인데, 여기서 가지는 남성 생식기를 뜻한다.

가지.*Solanum melongena*는 통화식물목 가지과 식물이며, 통화식물목의 통화란 통꽃을 말한다. 식물을 아주 크게 나누면 꽃식물과 민꽃식물로, 꽃식물은 다시 속씨식물과 겉씨식물로, 속씨식물은 또 쌍떡잎식물과 외떡잎식물로, 쌍떡잎식물은 갈래꽃식물과 통꽃식물로 나뉜다.

가지는 고추(나무)가 그렇듯이 우리나라와 같은 온대지방에서는 한해살이풀이지만 더운 곳에서는 여러해살이로 나무이다. 잎은 5~10센티미터로 넓적하면서 10~20센티미터 길이로 길고 어긋나기를 하며, 잎자루의 아래 부위에 있는 한 쌍의 작은 잎사귀인 턱잎은 없다. 꽃은 암꽃과 수꽃이 함께 피는 양성이고 희거나 보라색이며 보통 꽃부리가 다섯 개 나고, 샛노란 수술은 암술 둘레를 느슨하게 둘러싸며 암술은 끝이 툭 튀어나온다. 꽃가루받이는 제꽃가루받이거나 딴꽃가루받이를 한다.

가지나무는 인도나 방글라데시가 원산이며, 가장 많이 재배하는 나라는 중국으로 생산량의 58퍼센트, 다음이 인도로 25퍼센트를 생산하며 그다음으로 이란, 이집트, 터키 순이다. 가지, 감자, 토마토, 고추는 여러 가지로 특징이 다르지만 오직 생식기관인 꽃이 똑 닮아 같은 과에 속한다. 동식물의 분류에서 생식기 구조의 유사성을 아주 중요하게 다룬다는 것을 알 수 있다.

키는 큰 것이 100센티미터 정도이며(거기에 목을 맨다 하니 얼토당토않다), 식물 전체에 별 모양의 회색털이 나고, 특히 줄기나 꽃받침에 예리한 가시가 돋쳐 만질 때마다 손을 찌른다. 줄기나 잎은 검은빛이 도는 진보라색이고 품종에 따라 열매가 큰 것은

1킬로그램이 넘으며 색은 진보라에서 희거나 노란색을 띠는 등 매우 다양하다. 개량종 중에서 열매가 거위나 닭의 알을 닮아 '에그플랜트eggplant'란 이름이 붙었다. 우리나라에서는 주로 긴 가지를 재배하는데, 열매를 쪄서 가지무침, 가지마파두부, 가지볶음, 가지냉국, 가지전, 가지찜을 해서 먹는다.

가지색이란 잘 익은 가지의 빛깔과 같이 남색을 띤 보라색을 이른다. 짙은 보라색인 가지 열매는 겉은 매끈매끈하고 광택이 나며 손으로 문질러 보면 뽀도독 소리를 낸다. 속은 하얀 것이 살이 푸진데, 잘라두면 잘린 자리가 곧 갈색으로 변한다. 감이나 토마토같이 과육에 수분이 많고 씨방 벽이 비대 발달하여 형성된 장과이다. 과일에는 먹을 수 있는 가뭇가뭇한 씨앗이 수두룩 들어 있는데 담배와 같은 과 식물이므로 소량의 니코틴이 들어 있어 맛이 쓰다.

이렇게 같은 과 식물은 생식기관만 닮은 게 아니라 구성 성분도 닮는다. 가지 꽃이나 잎에는 감자 순에 있다는 솔라닌solanine 성분이 있어 다량 섭취하면 매우 해롭다. 알다시피 식물 화학물질은 일종의 타감물질로 제 몸을 보호하기 위해 있는 것이 아닌가. 그런데 가지에는 세균 생장을 억제하는 트리고넬린trigonelline, 혈액순환을 촉진하는 스타치드린stachydrine, 혈압조절이나 신경전달에 관여하는 콜린choline 등의 성분이 있으며, 혈청 콜레스테롤을 낮추고 이뇨작용에도 좋다고 한다. 무엇보다 껍질에 듬뿍 든 안토시아닌 때문에 요새 와선 인기가 천정부지로 치솟았다.

우리가 어릴 적엔 굶주리고 배곯은 탓에 초근목피도 먹는 판이라 작고 여린 가지로 군입을 다시니 생으로 어석어석 베먹었다. 먹고 나면 입꼬리가 트고 가려웠는데, 예민한 사람은 가지를 만지거나 먹고 나면 이내 피부나 입가가 가렵거나 옅은 두통, 위장의 거북함, 알레르기 반응을 보인다. 그러나 푹 찐 가지는 흐물흐물한 것이 보드랍고 찰지면서 아무런 부작용이 없다.

필자도 매년 네댓 포기를 심어 먹는데, 가지과인 고추나 토마토를 심지 않은 밭에 심는 것이 좋다. 같은 과의 식물은 같은 토양 영양소를 골라 빨아 먹기 때문이다. 이 작물들은 모두 이어심기를 싫어하니 윤작輪作함이 옳다. 또 가지는 문실문실 자라면서 여러 개의 곁가지가 생겨나므로 주된 원순元筍을 제하고는 미리 순을 따주고 시든 잎도 따주며 막대기로 버팀대를 받쳐주어 비바람과 태풍의 피해를 예방해야 한다.

간혹 이십팔점박이무당벌레*Henosepilachna vigintioctopunctata*가 애를 먹이기도 한다. 크기가 6~8밀리미터 정도로 열네 쌍의 검은색 반점이 난 성가신 이 무당벌레는, 역시 같은 과의 비슷한 영양소가 있는 감자나 토마토에 달라붙는 놈으로, 떼 지어 월동하다 바람을 타고 어느새 어마어마하게 날아오는데 잡고 잡아도 한도 끝도 없이 들끓는다. 덧정 없이 데이고 지쳤다고나 할까. 드디어 포기하고 나 몰라라 수수방관하고 농땡이 칠라지면 먹성 좋은 녀석들이 잎사귀를 빠끔빠끔 회를 쳐 물크러지는 것은 물론이고, 어린 열매까지 갉아먹어서 자국이 커지고 넓어져 엉망진창으로 문드러지고 만다. 무당벌레는 득시글거리는 진딧물을 먹어줘 익충이라 여겼는데 이 녀석들이 야마리 까진 해충임은 필자도 나중에야 알았다. 하마터면 그것도 모르고 지날 뻔했다.

놈들을 잡아보겠다고 먼발치에서 살금살금 가까이 가면 발걸음의 진동을 어느새 알아차리고는 땅바닥으로 또르르 떨어져버린다. 놀라운 것은 땅바닥에 벌러덩 드러누운 것들이 기척 없이 한참 동안 옴짝달싹하지 않고 죽은 척한다는 것이다. 벌레들이 위험에 닥쳤을 때 죽은 듯 움직이지 않고 가만히 있는 것을 의사疑死 또는 가사假死라 한다. 포식자는 움직이지 않는 것은 먹지 않음을 알고 있는 앙큼하고 맹랑한 꾀보 동물이로고.

사후 약방문

"사후 약방문死後藥方文"이란 사람이 죽은 다음에야 약을 구한다는 뜻으로, 때가지나 일이 다 틀어진 후에야 뒤늦게 대책을 세움을 비유적으로 이르는 말이다. 비슷한 말에 "상여 뒤에 약방문" "성복 뒤에 약방문" "죽은 다음에 청심환" 따위가 있다. "소 잃고 외양간 고친다"도 비슷한 속담이리라. 한방에서 약을 짓기 위하여 필요한 약의 이름과 분량을 적은 종이를 약방문, 화제和劑라 하는데, 요새 병원에서는 처방전, 약전이라 한다.

미리 말하지만 약이란 어느 것이나 위장, 간, 신장, 심장에 뒤탈을 일으키는 독이 함께 한다. 옥편에 '약' 자를 찾아보면 "약, 독, 고치다, 치료하다"라고 쓰여 있는 것을 보아도 그렇다. 누구나 약통 속에 든 꼬깃꼬깃 접힌 쪽지에 쓰인 갖은 부작용 설명을 보면 "야, 이게 아니다"란 생각이 든다. 그러나 51퍼센트가 약이고 나머지 49퍼센트는 독이라도 그게 약이다. 부득이 약을 먹어야 한다면 섣불리 남용과 과용은 삼가야 하지만, 약이 해롭다 하여 덜어버리고 먹는다면 그건 해만 끼칠 뿐이니 반드시 정량을 챙겨 들어야 약효를 본다. 속담에도 "약은 나누어 먹지 않는다"고 하지 않는가.

약은 필요할 때는 제대로 써야 하지만 웬만하면 약 안 먹고 낫는 것이 최상이다. 근본적으로 우리 몸의 백혈구, 림프구, 항체들이 도맡아 병균을 무찌르며 약은 그저 도와주는 도우미일 뿐이다. 의학의 아버지 히포크라테스도 "병은 자연이 고친다"고 했으며, "병의 5퍼센트는 의사가 고치고 95퍼센트는 내 몸이 고친다"는 말도 백번 맞다. 뜬금없는 소리로 들릴지 모르지만 약의 해독성을 아는 의사나 약사 집안은 '무의촌無醫村'이라고 한다. 물론 약은 우리의 건강지킴이다. 곳곳에 입원한 수많은 사람들에게 약이 없다면 어떻게 되겠는가? 의학, 약학 덕에 수명이 고무줄처럼 늘어나고 있다. 필자도 약이 없었다면 이미 저승에 있을 터다.

그럼 우리가 일상으로 먹는 약품들이 어떻게 약효를 내는지 몇 가지만 간단히 보겠다.

첫째, 약의 물리화학적 성질을 이용하니, 위염이나 위궤양에 걸리면 위에서 나오는 위산이 엉뚱하게 자기 세포를 공격하여 조직을 헐게 하기에 이럴 때 제산제制酸劑를 써서 산을 중화시킨다. 둘째, 효소를 억제해 약효를 내니, 해열, 소염, 진통에 사용하는 아스피린이나 타이레놀과 같은 약은 고열과 통증을 유도하는 프로스타글란딘prostaglandin이란 효소 활동을 억제한다. 셋째, 가짜 대사산물로 세포를 속인다. 여느 세포나 RNA 핵산합성에 우라실uracil이란 염기가 필요한데, 플루오로우라실fluorouracil이라는 가짜 항암물질을 투여하면 암세포들이 우라실인 줄 알고 핵산합성에 쓰니, 결국 핵산합성이 좀체 되지 않아 세포분열을 못해 암세포가 죽는 것이다. 마지막으로 약은 비타민이나 영양제처럼 몸에 부족한 것을 보충해준다. 비타민을 먹을 필요가 없다는 사람들도 있지만, 필자는 노약자는 반드시 먹어야 한다고 생각하는 축에 든다. 물론 최고의 보약은 역시 식보食補다. '식약동원食藥同源 식이약食以藥'이라, 음식과 약은 뿌리가 같으니 먹는 것이 곧 보약이다. 어느 것 하나도 가리지 말고 고루고루 푸짐하게 챙겨먹는 것이 으뜸가는 건강의 지름길이다. 그래서 "밥이 약보다 낫다"고 하지 않는가.

　병도 마음먹기에 달렸다. 일본에서 있었던 실제 이야기다. 한 할머니가 절박한 병에 걸렸는데, 그 병에 고명高名한 의사가 있었으니 몇 달을 기다린 끝에 비로소 진찰을 하고 처방전을 받았으나 어리석은 노인이 약방문을 태운 재를 정성스레 먹고 멀쩡하게 나았다지 않는가. 실제로 환자에게 가짜 약을 주어도 70퍼센트는 낫는다. 이렇듯 약효가 전혀 없는 시늉만 한 거짓약을 진짜 약으로 가장하여 환자에게 일부러 먹였을 때 씻은 듯 낫는 것을 '플라시보 효과placebo effect', 즉 위약효과라 한다. 옛날 군대에서 배가 아프다고 하면 얼토당토않게 밀가루에다 터무니없이 이른바 '빨간약'인 머큐로크롬mercurochrome을 발라 주었는데 멀쩡하게 나았다고 하지 않는가. 환자의 마음과 정신이 병에 얼마나 영향을 미치는지를 알 수 있는 대목이다. 반대로 이로운 약인데도 괜히 해롭다는 암시나 믿음이 약효를 떨어뜨리는 현상을 '노시보 효과nocebo effect'라 하는데, '노시보nocebo'는 라틴어로 '해롭다'란 뜻이라 한다. 좋은 약도 정작 환자가 못내 믿지 않고 시큰둥하게 억지로 먹으면 약효가 없다. 이왕 약을 먹을 때에는 '선약단약仙藥丹藥 삼신산불사약三神山不死藥(금강산 녹용, 지리산 인삼, 한라산 영지)'이란 신념을 가져야 한다. 물론 주치의를 믿는 것도 참으로 긴요한 요목임을 명심할지어다.

딱히 "개똥도 약에 쓰려면 없다"고 하는데 이는 평소에 흔해 빠진 것도 막상 긴히 쓰려고 하면 없다는 말이다. "병은 한 가지 약은 천 가지"는 막상 환자가 되면 사람들이 말하는 약이 많다는 뜻인데, 자연히 살고 싶은 실낱같은 희망에 마음이 쏠

리게 된다. 마음으로 병을 극복한다! "모르면 약이요, 아는 게 병"이라고 아무것도 모르면 차라리 마음이 편하다. "병은 친구"라 누구나 다 걸렸다 낫고 하는 것이요, 육신을 가졌으니 병 없기를 바라지 말자.

예전부터 전해오는 음식, 정신, 행동을 아우르는 '건강십훈健康十訓'이라는 것이 있다. 소육다채少肉多菜, 소염다초少鹽多醋, 소당다과少糖多果, 소식다작少食多嚼, 소번다민少煩多眠, 소노다소少怒多笑, 소의다욕少衣多浴, 소언다행少言多行, 소욕다시少慾多施, 소차다보少車多步하는 것이다. 하나도 틀린 말이 없다. 이러면 약을 적게 먹고도 깔축없이 일생을 편히 살 수 있다 하니 장수 비법이 따로 없다!

숯이 검정 나무란다

"숯은 달아서 피우고 쌀은 세서 짓는다"란 숯을 저울에 달아서 불 피우고 쌀은 한 알씩 헤아려서 밥을 짓는다는 뜻으로, 몹시 깐깐하고 인색함을 이르는 말이다. "숯이 검정 나무란다"는 자신은 더 큰 허물이 있으면서 도리어 남의 작은 흉을 본다는 뜻이며 비슷한 속담으로 "똥 묻은 개 겨 묻은 개 나무란다" "언덕에 빠진 돼지 평지 돼지 나무란다" "매달린 개가 누워 있는 개 보고 웃는다" "뒷간 기둥이 물방앗간 기둥 더럽다 한다" 등이 있다. 또한 "가슴이 숯등걸이 되다"란 애가 타서 마음이 상할 대로 상함을 빗댄 말이며, "숯쟁이도 제집에 들면 주인이다"는 사람들이 천하게 여기는 숯쟁이도 자기 집에서는 당당한 주인이라는 뜻으로, 아무리 초라하고 보잘것없는 존재라도 엄연히 자신만의 개성과 주장을 가지고 살아감을 이르는 말이다.

숯은 나무를 숯가마에 넣어 구워낸 검은 덩어리를 말하는데, 주성분은 가장 정결한 탄소로 목탄이라고도 한다. 목재를 가마에 줄줄이 쟁여 세우고 공기를 아주 적게 넣거나 거의 차단하고 고온에서 5~7일 정도 가열하여 생기는 고체 생성물이다. 숯에는 흑탄黑炭과 백탄白炭 두 종류가 있으니, 흑탄은 섭씨 600~700도로 태운 뒤 숯가마에 2~3일간 뜸 들여 두었다가 섭씨 100도 정도가 되었을 때 꺼낸 것을 말하며, 백탄은 섭씨 800~1300도의 고온으로 가열한 뒤 꺼내어 흙이나 재를 덮어 급히 불기를 꺼버린 것이다. 백탄은 탄소 함유 비율이 83.3퍼센트로 흑탄의 75.2퍼센트보다 높으며 흑탄을 굽는 가마는 주로 흙으로 만들고, 백탄 가마는 돌가마를 쓴다. 숯의 부피는 사용한 원목의 약 60퍼센트, 무게는 25퍼센트로 줄어든다.

숯을 생산하면서 부수적으로 얻은 액체가 목초액木醋液이다. 목초액은 목재를 태우면 나는 황백색 연기가 외부 공기와 접촉해 자연 냉각되어 떨어지는 액체인데, 농업 분야에서는 농약 대신에, 축산업에서는 분뇨 냄새 제거에 이용한다. 또 정장제整腸劑인 정로환 등 의약품의 원료로 사용한다.

소죽을 끓이느라 부엌에서 통나무나 장작을 때는 날에는, 어지간히 타고난 숯등걸을 재로 묻어두면 공기가 막혀 숯이 되니 부엌 아궁이가 작은 숯가마인 셈이다. 그것을 꺼내 인두질이나 다리미질에 썼다. 인두는 숯불에 묻어 달구어 천의 구김살을 눌러 펴거나 솔기를 꺾어 누르는 데 쓰는 것으로, 쇠로 만들며 바닥이 반반하고 긴 손잡이가 달려 있다. 아, 곱게도 인두질하시던 우리 엄마가 눈앞에 삼삼하다. "갓방 인두 달듯"이란 갓 만드는 작업장의 인두가 언제나 뜨겁게 달아 있는 것처럼 자기 혼자 애태우며 어쩔 줄 몰라 하는 모양을 비유적으로 이르는 말이다.

내가 어릴 적만 해도 의식주를 자급자족해야 하고, '백의민족'이라 철철이 흰옷을 마련해 입히는 것이 보통 어려운 일이 아니었다. 그런데 다리미는 인두에 비해 아주 넓고 커서, 옷이나 천 따위의 주름이나 구김을 펴고 줄을 세우는 도구로 역시 바닥이 반반하고 매끈한데 숯불을 담아 달궈 썼다. 콧구멍만 한 방에서 다리미질을 하고 나면 옆에서 놀고 있던 나도 골이 터지고 어지러웠다. 숯이 타느라 산소를 다 잡아먹어 생긴 산소 결핍에다 불완전연소로 발생한 일산화탄소를 마신 탓이다. "황소 불알 떨어지면 구워 먹으려고 다리미 불 담아 다닌다"는 말도 있다.

숯은 지난날 불씨를 보관하는 데 썼으니 부엌이나 화로의 재에 묻었다. "삼대째 계속 이어오는 불씨"라는 말도 있듯이 불

을 잘 간수하는 것은 그 집의 품격이기도 하였으니, 불씨가
꺼져 이웃집에 빌리러 가는 것은 일종의 수치였다.
그리하여 화덕의 불씨덩이를 신주 모시듯
했고, 얼마 전만 해도 연탄불을 이삿
짐에 싣고 갔었지.

   숯은 더러운 것을 흡수하
고 제거하는 청정한 성
질이 있어 옛날부터
간장을 담글 때 숯 몇
덩어리와 붉은 고추
몇 개를 간장독에 넣
었다. 또한 아이를 낳
을 적에 으레 집 문간
에 거는 금줄에도 숯
덩이를 끼웠다. 또 갓난
아기가 처음 외가에 갈 때
이마에 숯검정이나 그을음을
칠했으니 귀신에게 아기를 빼앗기
는 것을 예방하려는 습속에서 그랬다.

   참나무 흑탄은 맨눈으로 봐도 속이 세로로 쩍쩍 갈라져서 멋

진 국화 무늬를 보인다. 숯에는 방부, 여과, 습도 조절, 음이 온 발생, 유해 전자파나 라돈 차단 등의 여러 효과가 있는데, 이는 숯이 미세구멍이 있는 다공질多孔質 구조이기 때문이다. 그래서 활성탄을 냉장고 탈취제, 담배필터, 방독면, 공기정화, 정수기, 수돗물 정화 등에 널리 쓴다. 독약을 먹거나 소화불량인 경우에 활성탄 가루를 먹고, 밑그림 그리기나 연필 만드는 데도 쓰며 황과 결합하면 폭발하는 화약도 만든다.

참나무는 어느 한 종을 지칭하는 것이 아니라 참나무과 참나무속Quercus에 속하는 여러 수종을 이른다. '쓰임새가 많은 나무'라는 뜻이며, 이 속의 나무는 모두 도토리라는 견과가 열리므로 '도토리나무'라고 불린다. 나무껍질에 타닌이 많아 어망을 염색하는 데 쓰고, 재목은 매우 단단하여 '술통'을 만들며, 열매로는 도토리묵을 만든다. 그중에서 떡갈나무 잎은 빳빳하고 넓적하면서 특유한 향기가 나 떡을 찔 때 썼고 일본에서는 떡을 쌀 때 쓴다. 세계적으로 굴참나무에서 코르크를 채취한다. 참나무 여섯 종의 구분을 잎 모양에 따라, 잎이 길고 가장자리에 비늘처럼 뾰족한 톱니가 있는 상수리나무, 굴참나무, 달걀꼴 모양에 잎 가장자리에 톱니가 있는 신갈나무, 떡갈나무, 갈참나무, 졸참나무로 구분하고, 후자의 경우 다시 잎자루가 잘 보이지 않는 떡갈나무와 신갈나무, 잎자루가 뚜렷한 갈참나무와 졸참나무로 구분하기에 이런 분류 기준에 따라 상수리나무·굴참나무, 떡갈나무·신갈나무, 갈참나무·졸참나무 세 무리로 나눌 수 있다.

고릿적 얘기지만 내 고향 지리산 골에서도 숯을 많이 구웠으니, 숯 푸대는 야문 싸리나무로 얼금얼금 얽어 만들며 질긴 칡줄기로 단단히 묶어 매 지엠씨 트럭으로 실어 내가는 것을 많이도 봤다. 그리하여 줄기차게 참나무는 지리산 골골샅샅이 홀랑홀랑 잘려나가 민둥산이 되었지.

콩나물에 낫걸이

 "사람으로 콩나물을 길렀다"거나 "시루 안의 콩나물처럼" "콩나물 박히듯"이란 무엇이 빈틈없이 촘촘히 들어선 모양을 비유적으로 이르는 말로, 출퇴근길 버스, 전철 안 사람들이나 야구장에 관중이 빽빽이 복닥댐을 꼬집을 적에 쓴다. "콩나물에 낫걸이"란 콩나물을 낫으로 친다는 뜻으로 작은 일에 요란스럽게 큰 대책을 세우는 격에 맞지 아니한 일을 이르는데, 모기 보고 칼을 빼어든다는 '견문발검見蚊拔劍'과 비슷한 말이라 하겠다. 또 비쩍 마른 것이 키만 멀대같이 큰 사람을 "콩나물 같다"고 하고, 많은 가족이 오순도순 행복하게 사는 모양새를 "콩나물 같은 가족과 시루 같은 가정에서 오글오글 콩나물처럼 부대끼며 산다"라고 한다.

콩나물은 우리나라에서만 볼 수 있었던 것으로, 콩을 두부로 만들어 먹었던 조상들의 훌륭한 지혜가 담겼다. 물론 이제는 우리나라 말고도 중국, 일본, 태국, 베트남, 필리핀, 인도네시아 등지에서 녹두를 싹 틔운 숙주나물을 즐겨 먹기에 이르렀다. 콩나물에는 단백질과 지방이 많이 들어 있을뿐더러 비타민 B_1, B_2, C의 함량도 무척 높다. 콩이 발아하면서 영양소의 변화가 생기니, 전반적으로 탄수화물은 감소하지만 섬유질이 증가하고, 단백질은 약간 감소하나 소화에 편한 펩티드와 아미노산이 늘어난다. 콩 자체를 통째로 먹는 것보다 싹 틔워 어린 식물의 잎줄기와 뿌리를 먹는 것이 영양소를 고르게 얻을 수 있다는 것을 알아차린 영명英明한 우리 조상님들이 자랑스럽다. 어느 나라 누구도 생각하지 못했던, 세계 사람들이 부러워하는 명성을 날리는 유일무이한 콩나물이 아닌가.

구멍이 숭숭 뚫린 시루 바닥에 볏짚을 듬성듬성 깔고, 물 위에 둥둥 뜨는 것, 썩거나 깨진 것, 쪼가리 콩 등을 알뜰히 골라내고 찬물에 24시간 불린 콩을 담아 어두운 곳에 둔다. 콩나물 콩은 옛날에는 껍질이 까맣고 검은콩보다 훨씬 잘아 마치 쥐눈처럼 생겼다고 서목태鼠目太라 부른, 일명 쥐눈이콩을 주로 썼다는데, 요새는 메주콩보다 좀 작은 소립종을 많이 쓴다고 한다.

시루에 볏짚을 까는 것은 콩이 빠져나가지 못하게 할뿐더러

물이 시루 바닥의 뺑뺑 뚫린 구멍으로 술술 잘 빠져나가게 하기 위함인데, 물이 괴면 뿌리가 짓무르는 수가 있기 때문이다. 막 싹트기 시작하면서 뒤죽박죽 드러누웠거나 물구나무선 것들도 있지만 뿌리는 저마다 굴지성屈地性이 있어 놔두면 죄다

아래로 비집고 내려간다. 또 콩나물시루를 어두운 곳에 둘뿐더러 시루 아가리를 두꺼운 검은 보자기로 덮는데, 이는 씨앗 발아에는 상추를 비롯한 몇몇을 제하고는 빛이 불필요하기 때문이다. 여린 움이 빛을 받으면 엽록소가 형성되어 녹색을 띠고 음식을 해도 비린 맛을 낸다.

콩나물 대가리뿐만 아니라 모든 씨앗은 발아할 때 빛을 받지 못하면 엽록소가 생성되지 못하고, 대신 카로티노이드carotenoid 색소 탓에 누르스름하게 되는데 이런 현상을 황화黃化라고 한다. 그러나 빛을 받으면 원래부터 떡잎에 상당량 들어 있던 엽록소 a의 원조 색소인 전엽록소 a의 분자구조가 바뀌면서 정상 엽록소가 되어 녹색을 띠게 된다.

이제 콩나물 키우기다. 물은 3~4시간 간격으로 넘치게 주며, 7~10일이면 5~7센티미터로 자라 빼 먹을 수 있다. 둥글넓적하고 아가리가 넓게 벌어진 질그릇인 자배기 위에 받침대인 쳇다리를 걸치고 그 위에 콩나물시루를 얹어 처음엔 콩을 불릴 때 쓴 자배기의 물을 퍼부어 주고 나중에는 새 물로 갈아 주는데, 심심하면 오가면서 박 바가지로 물을 부어줬던 기억이 지금도 생생하다. 시루에서 쫄쫄 내리면서 내던 물소리가 귀에 쟁쟁하도다! 그런데 콩나물은 시루 위쪽의 것이 빨리 자라 두둑이 솟아오르기에 위를 뽑아 먹으면 아래 작은 콩나물들이 나름대로 앞다투어 허겁지겁 웃자라서 연달아 그 자리를 메운다. 싹이란 싹은 지구를 들어 올리는 힘을 가진지라 가만히 두면 덮어둔 홑이불도 쑥쑥 밀어 올린다.

수시로 물을 주는 것은 잔뿌리가 생기고 야윈 줄기가 억세게 질겨지는 것을 막자고 그런다. 알다시피 식물은 땅이 마르면 물을 찾아 뿌리를 깊고 멀리 뻗지만, 물이 넉넉하면 뿌리를 내리지 않는 법이다. 콩도 발아하면서 열을 내니, 자라고 있는 콩나물 속에 손을 넣어보면 뜨뜻한데, 열은 콩나물을 썩게 하므로 되도록 물을 흠뻑 주어 열을 식힌다. 사막식물이 긴 뿌리를 뻗는 것도 다르지 않다. 호되게 고초를 겪은 사람에게는 사람 냄새가 나는 법이다. 젊어 고생은 사서라도 한다고 하지 않던가.

흔히 '콩나물 대가리'라고 하는 음표는 머리, 기둥, 꼬리로 구성되었다. 머리만 있는 온음표에서 꼬리가 다섯 개나 달린 128분음표까지 있는데, 물을 흠씬 주면 꼬리 하나 달린 8분음표 꼴의 콩나물이 되지만 그렇지 않으면 물을 찾아 자잘한 수염뿌리가 가득 생겨나 128분음표가 되고 만다.

콩나물에는 늘 흐물흐물한 무른 허물이 가득 생기니 이는 떡잎껍데기인 떡잎 집으로 물에 씻거나 일일이 애써 손으로 가려낸다. 콩나물은 담황색의 것이 좋고, 요리할 때는 지나치게 끓이지 말고 조금 비릿한 풋내가 날 정도로 데쳐 맛과 영양가를 살리도록 한다. 전주콩나물국밥에서부터 비빔밥, 황태북어국, 라면, 바지락국 등등에 넣는다. 어떤 경우엔 콩나물 대가리를 떼는데 꼭꼭 씹지 않으면 소화가 안 되고 고대로 대변으로 나오는 수가 있어 그렇다. 그런가 하면 콩나물 뿌리를 따버리기도 하니 "콩나물 발(足) 다듬는다"라고 한다. 이렇게 콩나물도 의인화하는 나라는 우리밖에 없을 터!

특히 콩나물해장국은 숙취 해소에 으뜸이라는데, 콩나물의 뿌리에 아스파라긴산이 많이 든 탓이다. 아스파라긴산은 $\alpha-$아미노산의 하나로 백합과식물인 아스파라가스에서 최초로 분리되었고, 시판 중인 소주에 감미료로도 쓰인다. 또한 이것은 세포의 미토콘드리아에서 일어나는 세포 산화 과정인 TCA 회로와 간에서 일어나는 요소 합성 과정인 '오르니틴 회로ornithine cycle' 양쪽 대사 과정에 관여하는 중요한 아미노산이다. 이 밖에 푸린, 피리미딘, 조효소 A가 이 물질에서 비롯한다. 아무튼 콩나물 없는 대한민국은 감히 생각조차도 할 수 없는 일이렷다! 콩나물 만세!

비둘기 마음은 콩밭에 있다

"비둘기 마음은 콩밭에 있다"는 먹을 것에만 정신이 팔려 온전히 다른 볼일을 보지 못하거나, 아무리 좋은 곳을 떠돌아다녀도 자기가 살던 고장을 잊지 못함을 이르는 말로, 머리와 가슴이, 마음과 몸이 따로 논다는 의미이다. 또 "하룻비둘기 재를 못 넘는다"거나 "햇비둘기 재 넘을까"란 경험이나 실력 없이는 큰일을 하기 어렵다는 뜻이다. "까치집에 비둘기 들어 있다"는 남의 집에 들어가서 주인 행세함을 이르는 말이며, 북한 속담 "까마귀도 반포反哺의 효가 있고 비둘기도 예절을 안다"는 까마귀는 자라서 어미에게 먹이를 물어다 먹이는 반포의 효성이 있고, 비둘기도 어미와 새끼, 수컷과 암컷 사이에 엄격한 질서가 있어 예절을 지킨다는 뜻이다.

비둘기*Columba rupestris*는 비둘기과에 속하는 새로 세계적으로 310종이 서식한다. 우리나라에는 양비둘기, 멧비둘기, 흑비둘기, 염주비둘기 등 4종의 텃새가 살고 있다. 가장 흔한 양비둘기와 멧비둘기 말고도 희귀종인 흑비둘기와 염주비둘기가 있으며, 온몸이 새까만 흑비둘기는 오직 울릉도, 소흑산도, 추자군도 등등 도서島嶼 종으로 이만저만 귀한 것이 아니라 천연기념물 제215호로 지정되어 보호를 받는다. 양비둘기는 크기 33센티미터 안팎에 몸무게 240~300그램 남짓으로, 보통 10~30마리씩 무리 지어 살며 사람을 두려워하지 않아 사람 사는 건물에서도 번식한다. 부리와 다리가 짧고 머리는 작으며, 날개 근육이 몸 전체의 31~44퍼센트를 차지하여 새 중에서 가장 빠르게 난다. 암수 크기가 차이가 나 수컷이 좀 크니 이런 것을 이형성二形性이라 한다.

한배에 알 두 개를 낳고, 알을 품는 기간은 16~17일이며, 3~4주 후에 둥지를 떠난다. 어미 아비가 새끼에 젖을 먹이는데, 모이주머니에서 우유색이면서 진한 지방 성분이 든 암죽 같은 젖을 부화 후 처음 3~4일간 토해 먹이니 이것을 '소낭유pigeon's milk'라 한다. 깔끔한 맵시에 "구굿-구-, 구굿-구-" 하고 내는 소리가 참 정겹다 하겠는데, 애꿎게도 인도네시아 등지에서는 이들을 잡아 튀김요리를 해 먹는단다. 하기야 매미,

바퀴벌레, 전갈도 먹는 판에 뭐 어때서.

비둘기는 무리를 짓는 새로 널리 알려져 있으며, 우리 옛 선조들은 비둘기를 부부 금슬을 상징하는 새로 생각하였으니 이는 비둘기가 한번 짝을 맺으면 상대를 바꾸지 않기 때문이다. 그렇게 오래도록 사랑받던 비둘기가 이제와 느닷없이 삶터를 잃고 덩달아 사람들에게 내침을 받아 홀대와 괄시를 당하니, 조류독감 등의 병을 옮기는 것이 알려진 뒤였다. 팍팍한 인심이라니. 정작 어제의 재롱이, 귀염둥이가 하루아침에 비천한 눈에 천불 나는 말썽꾸러기가 될 줄은 꿈에도 몰랐다. 딱하게도 보물단지가 애물단지 되는 꼴이고, 기세등등한 오르막이 있으면 곤두박질치는 내리막이 있기 때문일까.

'비둘기파' '매파'란 말이 있다. 비둘기가 평화의 상징으로 각종 행사에서 평화를 기원할 때 날려 보내는 동물이라면, 매는 공격적인 조류로 새를 잡아먹는 맹금이 아니던가. 비둘기파는 정책을 추진하는 성향이 부드러운 온건파를 일컬으며, 매파는 급진적이고 강력한 강경파를 이르는 말이다.

요가에서 '비둘기 자세'라는 것이 있으니 이는 마치 모이주머니를 쭉 내민 비둘기를 닮았다고 해서 부르는 동작이다. 팔과 다리를 가꾸어주며 옆구리 군살을 빼는 데 효과적이라 한다. 또 북한에서 자행하는 '비둘기 자세'는 손을 뒤로 묶고 서지도

앉지도 못하게 하는 고문으로, 얼마 지나면 팔 근육이 굳어지면서 앞가슴이 튀어나와 비둘기 같은 자세가 된다고 한다.

다음은 '글(書)을 전하는 비둘기(鳩)'라는 전서구(傳書鳩) 이야기다. 전서구는 야생 비둘기를 길들인 것으로, 약 3000년 전 이집트와 페르시아에서 소식을 전달하는 데 이용되었다. 그리스에서는 올림픽 경기의 승전보를 알리는 데 이용했고, 제1·2차 세계대전과 한국전쟁에서는 이른바 군용비둘기로 사용한 기록이 있다. 전서구는 방향감각과 귀소본능이 뛰어난데, 아마도 머릿속의 지도와 컴퍼스를 써서 장거리 비행을 하는 것으로 보인다. 전갈의 내용을 쓴 얇은 종이를 새 다리에 도르르 말아 매어 통신에 이용했는데 지금 와서는 주로 경주용 비둘기로 쓰일 뿐 쓰임새가 거의 없어졌다.

다음은 산비둘기 *Streptopelia orientalis*다. 멧비둘기라고도 부르는 이 비둘기는 농작물에 다소 피해를 주니 마땅히 마음은 콩밭에 가 있어 밭에 심은 콩을 헤집어 먹는 밉상꾸러기다. 낮은 야산이나 구릉진 숲에 살며, 겨울에는 농경지 근처나 도시에도 내려와 한국 전역에서 볼 수 있는 흔한 텃새다. 몸길이가 약 33센티미터에 날개 길이는 19~20센티미터이고, 이마, 머리, 뒷머리는 분홍기가 도는 회갈색이며 목둘레에 청회색과 검은색의 줄무늬 띠가 있다. 등, 어깨, 허리 깃은 회색이 도는 황갈색이고 가슴과 배는 적회색이며 부리는 검은색이고 홍채는 붉으며 다리는 암적색이다. 수컷은 발정기가 되면 시도 때도 없이 청승맞다고나 할까, 아연 가슴 메이는 애조 띤 슬픈 소리로 "뿌꾹 뿌구, 뿌국 뿌구" 울어댄다. 이는 필자 마음에 들리는 소리이고 어떤 이는 "뿌뿌 뼈뼈, 뿌뿌 뼈뼈" 또 어떤 이는 "구구 구구, 구구 구구" 서양인들은 "her-her-oo-oo, her-her-oo-oo"로 들린다니 기가 찰 노릇이다. 다들 세상을 제 보고 싶은 대로 본다더니만 모두 자기 듣고 싶은 대로 듣나 보다. 암튼 내 어릴 적에 "애비죽고 자식죽고 나혼자서 우찌사노" "계집죽고 자식죽고 서답빨래 누가하노"라는 가사들을 산비둘기의 울음 음률에 붙여 따라 불렀다. 이런 가사조차 어리벙벙하게 가슴을 찢어놓는구나. 하필이면 지금 곧 내 글방 바깥 전깃줄에 앉아 녀석이 피를 토하듯 "뿌꾹"거린다.

끝으로 비둘기, 전서구, 산비둘기의 학명을 비교해보면, 이 셋이 겉으로는 얼추 비슷해 보이지만 서로 교잡이 되지 않는 완전히 다른 종임을 알 것이다.

훈장 똥은 개도 안 먹는다

"개가 똥을 마다할까"는 본디 좋아하는 것을 짐짓 싫다고 거절할까라는 의미이며, "두 계집 둔 놈의 똥은 개도 안 먹는다"는 첩을 둔 자의 마음은 몹시 괴로워 속이 썩는다는 의미이다. "방귀가 잦으면 똥 싸기 쉽다"는 징조가 자주 나타나면 필경 그 현상이 생기기 마련임을, "염소 물똥 누는 것 보았나"는 있을 수 없는 일을 이르는 말이다. "적게 먹고 가는 똥 싸라"는 제힘에 맞게 적당히 취하라는 뜻이며, "개 눈에는 똥만 보인다"는 평소 좋아하거나 관심 있는 것만 눈에 띈다는 의미이다. "제 똥 구린 줄 모른다"는 자기 허물을 깨닫지 못함을, "아끼다 똥 된다"는 너무 아끼기만 하다가 잃어버리거나 못 쓰게 됨을, "똥 친 막대기"는 천하게 되어 아무짝에도 못 쓰게 된 물건이나 사람을, "똥은 말라도 구리다"는 한번 한 나쁜 일은 쉽게 흔적을 없애기 어려움을 이르는 말이다. "똥이 무서워 피하나 더러워 피하지"는 악하거나 같잖은 사람을 피하는 것은 무서워서가 아니라 상대할 가치가 없어서임을, "똥 싸고 성낸다"는 잘못을 저지른 쪽에서 오히려 화를 내는 상황을, "똥 마려운 계집 국거리 썰듯"은 일을 아무렇게나 마구 해치우는 모양새를 이르는 말이다. "똥 누러 갈 적 마음 다르고 올 적 마음 다르다"는 급한 때는 통사정하며 매달리다가 마치면 모른 체함을, "똥 누고 밑 아니 닦은 것 같다"는 뒤처리가 깨끗하지 않아 마음에 꺼림칙함을, "똥 뀐 년이 바람맞이에 선다"는 미운 사람이 더욱 미운 짓을 함을 빗댄 말이다. "밥 팔아서 똥 사먹는다"는 바보처럼 밑지는 짓을 함을, "훈장 똥은 개도 안 먹는다"는 선생 노릇 하기가 무척 어렵고 힘듦을 비유적으로 이르는 말이다. 그 밖에도 똥에 얽힌 속담이나 관용어가 쌔고 쌨다. '똥침'은 양손의 집게손가락을 하나로 모아 세운 후 타인의 항문을 겨냥하여 찌르는 애들 놀이라 하고, 애완견의 배설물을 치우지 않고 지하철에서 하차한 여성을 '개똥녀'라 한다지.

"똥구멍이 찢어지게 가난하다"란 말이 있다. 우리 세대는 엉세판에 굶주리는 것도 속상한데 항문까지 탈이 나니 참으로 서럽고 애달팠다. 보릿고개를 넘기 위해 주린 배를 채우려고 구황식품으로 먹었던 봄철 소나무 가지의 속껍질인 송기松肌나 솔잎에 대장에서 물의 흡수를 촉진하는 타닌이 많이 든 탓에 변비에 걸렸던 것이다.

똥을 보면 그 사람의 건강이 보인다. 대변은 건강의 바로미터라 변이 좋으면 내장이 건강하고, 내장이 튼실하면 피부가 곱다. 얼굴의 여드름이나 뾰두라지 하나도 우울, 불안 따위에 영향을 받으니, 장-뇌-피부가 한 축을 이루는 것으로, 얼굴에 헌 데가 있으면 대장을 의심해야 한다. 옳아, 얼굴은 대장의 거울이요, 피부는 내장의 잣대이자 리트머스인 것!

위·대장 반사란 것이 있다. 음식물이 텅 빈 위에 들어가면 강한 연동운동이 결장에까지 잇따라 일어나니, 아침식사 얼마 후 변의便意를 느끼는 것은 이 반사 때문이다. 값지고 맛깔스러운 음식이 꼭꼭 씹혀 식도를 통해 들어간 다음 갖가지 소화효소와 위나 장이 연동, 역연동, 분절운동을 하고 온갖 장미생물의 분해에 힘입어 24시간이 지나 변으로 나온다. 아리따운 소년이 긴 세월의 풍화작용 끝에 아무짝에도 못 쓰는 쭈그렁이 뒷방 늙은이가 되는 꼴이라고나 할까. 암튼 대변 하나도 저절로 생겨나지 않으매, 때깔 고운 된똥을 보는 것은 기적이라 해도 지나친 말이 아니다.

똥냄새는 모두 장내 미생물 탓인데, 방귀 냄새처럼 주로 인

돌indole, 스커톨skatole, 황화수소가 주성분이다. 음식의 종류에 따라 냄새가 다르지만 특히 단백질을 많이 먹은 후의 방귀 냄새가 더 지독하고 소변에서는 지린내를 훨씬 많이 풍긴다. 그러나 보리밥 먹은 '보리 방귀'는 냄새가 없으면서 소리만 요란타! 허풍이 따로 없군!

겉이 매끈하게 기름기 도는 똥덩이는 소화되지 않은 찌꺼기와 죽은 소화관 벽 세포, 미생물의 더미다. 음식의 종류와 먹은 양, 건강에 따라 변을 보는 횟수와 양이 다르지만 정상으로는 하루에 한두 번 보고 100~250그램을 눈다. 변은 물이 75퍼센트이고 고형 성분은 25퍼센트이다. 고형 성분의 30퍼센트는 죽은 세균이고, 30퍼센트는 섬유소, 10~20퍼센트는 콜레스테롤이나 지방이며 나머지는 기타 물질이다.

족히 500여 종의 미생물이 내장에 서식하고 그중 30~40종이 세균이다. 비피더스균*Bifidobacterium spp.*이나 유산균*Lactobacillus spp.*이 가장 잘 알려진 공생세균인데 요구르트의 유산균은 이들 장 세균에서 순수 분리·배양한 것이며, 무려 100조 개의 내장 미생물이 내장에 지천으로 살고 있어 건강을 돕는다. 학명에서 종명을 모를 적에는 '*species*'를 줄인 '*sp.*'를 속명 다음에 쓰고 복수형은 '*spp.*'로 표기하는데, 앞의 세균도 속명은 알지만 종명을 몰라 그렇게 쓰고 있다.

끝으로 대변 검사를 통해 회충이나 요충 등의 충난蟲卵을 찾아 기생충의 감염 여부를 알아낸다. 또한 대변이 자장면이나 적혈구가 소화된 초콜릿색이면 위나 소장 상부에 출혈이 있다는 증거이고, 피가 묻어 나오면 대장암이거나 치루의 징조다. 필자도 대변을 본 후에 변의 색깔이나 굳기를 들여다보는 버릇이 있다. 옛날에는 동서양을 막론하고 귀한 거름으로 쓰였던 똥이요, 뼈를 다치면 똥물을 먹었다는데, 뭐…….

족제비도 낯짝이 있다

"족제비도 낯짝이 있다"란 말이 있다. 예부터 족제비는 교활함과 영악함을 상징하는 동물로 취급받았는데 그런 족제비 같이 교활한 놈도 양심과 수치심이 있는데 하물며 사람이 염치가 없어서야 되겠느냐는 말이다. "족제비 난장 맞고 홍문재 넘어가듯"이란 엉겁결에 정신을 잃고 죽을지 살지 몰라 허겁지겁 달아나는 모양새를, "족제비 잡아 꽁지는 남 주었다"란 가장 필요하고 중요한 것을 남에게 주었음을, "족제비 잡으니까 꼬리 달란다"는 애써 얻은 것의 가장 긴요한 부분을 염치없이 빼앗으려 듦을 이르는 말이다. 눈물을 찔끔찔끔 흘리는 모양새를 "족제비 똥 누듯"이라 하고, "족제비 밤 탐하다 치어 죽는다"는 너무 많이 먹으려다 망신만 당한다는 의미이다. 지저분하고 가냘픈 사람을 "굴뚝에서 빼 놓은 족제비 같다" 하고, 날카로운 눈매를 "돌담 구멍에 족제비 눈깔"이라 한다. 본바탕이 좋지 아니한 것은 어떻게 해도 좋아지지 않음을 일러 "개 꼬리 삼 년 묵어도 황모 되지 않는다"라고 하는데 여기서 황모는 족제비의 꼬리털이다.

족제비*Mustela sibirica coreana*는 식육목食肉目 족제비과의 포유류로 세계에 25속 70종이 있다. 족제비, 오소리, 수달, 담비가 같은 과에 속하며, 같은 족제비과의 족제비와 담비는 심한 경쟁 관계에 있다. 전국적으로 널리 분포하는데, 개울을 끼고 있는 숲에서 주로 서식하며, 때로는 제가 직접 굴을 파기도 하지만 다른 동물들이 버린 집이나 두더지, 들쥐의 굴을 넓혀 쓰기도 한다.

족제비과의 동물은 암수 크기에서 차이가 심하며, 몸길이도 수컷이 암컷보다 커서 32~40센티미터이며 암컷이 25~28센티미터이다. 꼬리 길이는 수컷이 12~22센티미터이고 암컷이 8~20센티미터이다. 족제비는 머리가 납작하고 주둥이는 뾰족하며 입 주위에 흰 반점이 있고, 보들보들한 털은 반들반들한 것이 담뿍 나며 몸바탕은 밝은 황토색이거나 담황색이며, 옆구리와 아랫부분은 밝은 노란색이다. 움직임이 날래고 후각과 청각이 발달했으며, 귀가 작고 매무새는 근육질로 가늘고 길며 네 다리는 짧다. 평소 땅 위에서 생활하지만 발가락 사이 물갈

퀴를 써서 헤엄도 썩 잘 친다.

항문 양쪽에는 악취를 내는 항문선肛門腺이 한 쌍 있으며, 거기에서 고약한 악취가 나는 액을 내뿜으니 스컹크에 버금가는 냄새다. "족제비 지나간 곳에 노린내 풍긴다"는 부정적인 행동을 하고 나면 반드시 흔적이 남음을 이르는 말이다. 담비와 마찬가지로 똥이나 오줌을 누거나 항문이나 살갗의 분비물을 바닥이나 나무에 비벼서 텃세를 알리기 위해 냄새 표시를 한다. 겨울털은 매우 부드럽고 매끄러우며 광택이 있는 황적갈색이고, 여름털은 거칠며 암갈색이다. 시골 우리 집에도 놈들이 대밭 가를 노상 들락거려 쥐덫을 놓아 잡아보려고 별짓을 다해봤으나 허탕이었다. 고깝게도 늘 영리한 놈에게 판판이 내가 당하고 말았다.

먹이는 뱀, 쥐, 토끼, 개구리, 새, 물고기 외에 귀뚜라미, 메뚜기 등이고, 살무사와 같은 독사도 죽이며 여름철엔 견과를 먹기도 한다. 족제비의 포식자는 올빼미, 매, 독수리, 삵, 여우, 너구리이다. 사람 보골 채우는(부아가 치밀다는 뜻) 일이 흔히 있으니, 삵과 함께 귀신같이 허름한 닭장을 뚫고 들어가 닭을 물어 죽이는 말썽꾸러기다. "닭 길러 족제비 좋은 일 시킨다"는 남에게만 좋은 일이 되어버림을 비유적으로 이르는 말이 아닌가.

黃毛筆

녀석들은 영리하고 재빠르며 간교한 동물로, 성질이 극히 사나워 필요 이상으로 사냥감을 죽이는 습성이 있다. 번식은 1년에 한두 번 하고, 임신 기간은 37일 정도로 한 배에 보통 4~6마리를 낳는다. 모피는 목도리나 밍크의 대용품으로 쓸 정도로 비할 바 없이 좋다. 한국, 일본, 타이완, 중국 동북부 등지에 주로 서식하고, 남극 대륙과 호주 근방의 몇몇 섬을 제외하고 전 세계에 널리 퍼져 있다.

"족제비는 꼬리 보고 잡는다"고 하니 이는 모든 일은 목적과 까닭이 있어 행함을 빗대는 말인데 족제비 꼬리털 황모가 최고급 붓을 만드는 데 쓰이기 때문이다. 먹물을 묻혀 글씨를 쓰거나 그림을 그리는 문방구인 붓은 짐승의 털을 원추형으로 만들어 자루 끝에 고정해서 쓰는 도구이다. 주로 짐승의 털로 만든 모필이 대부분이나 특이하게 가죽, 대나무, 버들, 짚, 갈대로 만들어 쓰기도 하는데 이것은 아마도 괴발개발로 쓰는 데 썼으리라. 붓은 털로 만든 붓촉과 붓을 잡는 자루로 이루어져 있다. 붓털의 재료는 족제비 말고도 보통 토끼, 쥐, 호랑이, 사슴, 개, 여우, 말, 너구리, 돼지, 고양이, 머리카락 등으로 다양하다. 만들 때 억세고 빳빳한 털을 심으로 하고 부드러운 털로 겉을 입히는데, 속을 박지 않은 붓을 무심필無心筆이라 한다.

붓의 종류는 쓰이는 재료와 크기, 용도에 따라 구분되니, 우선 재료에 따라 족제비털인 황모필黃毛筆, 양털인 백필白筆, 돼지털인 저모대필猪毛大筆 등이 있으며, 크기에 따라 세필細筆과 대필大筆이 있다. 특히 족제비의 노란 꼬리털로 만든 황모필이 유명하여 중국에서도 애용되었다고 한다. 붓촉에 끼워두는 뚜껑을 '붓두껍'이라 하는데, 문익점 선생께서 목화씨를 숨겨온 것도 '붓뚜껑'이 아니라 '붓두껍'이 맞다.

붓글씨에 관한 한 따라올 사람이 없다는 천하의 명필, 추사秋史 김정희金正喜 어른께서는 붓 천 자루가 몽당붓이 되고 벼루 열 개가 닳아 없어지도록 썼다고 하지 않는가. 낯선 유배지에서 쓰라리고 고독한 시간에 자신을 담금질하면서 부단한 노력을 한 결과다. 화날 때 외로울 때 슬픔에 지치고 서러움이 북받칠 때도 붓을 들었다고 하니 추사체는 이렇게 완성되었으리라.

될성부른 나무는
떡잎부터 알아본다

　"될성부른 나무는 떡잎부터 알아본다"는 될 사람은 어려서
부터 남달리 잘될 가망이 엿보인다는 말이다. 비슷한 속담으
로 "잘 자랄 나무 떡잎부터 알아본다" "열매 될 꽃은 첫 삼월부
터 안다" "푸성귀는 떡잎부터 알아본다" 등이 있다. 또 "용 될
고기는 모이 철부터 안다"고 하는데, 여기서 '용'은 큰 고기요
'모이'는 어린 물고기를 뜻한다. "대부등大不等 될 감나무는 자
랄 때부터 다르다"고 하니 '대부등'이란 아름드리 굵은 나무나
그런 재목으로, 역시 위와 같은 뜻이다. 세력이 아주 큰 것에
몹시 작은 것이 덤비려드는 야마리 없는 쪼다를 "대부등에 곁
낫질이라"라고 한다. 큰 아름드리나무를 조그만 낫으로 베려
는 것과 같다는 뜻이다. 아무튼 장래에 온전하고 뛰어난 인물

이 될 사람은 어릴 적부터 어딘지 모르게 싹수가 달라 결과가 알찬 것은 애초부터 잘되는 법이요, 다부지거나 실하지 못하면 "싹수가 노랗다"고 한다.

식물계를 가장 크게 나누면 관속(관다발)이 있고 없고에 따라 유관속식물과 비관속식물로 나눈다. 비관속식물에는 선태식물이 있고 유관속식물에는 양치식물과 종자식물이 있으며, 종자식물은 다시 밑씨가 씨방 겉에 드러난 겉씨식물과 밑씨가 씨방 속에 있는 속씨식물로 구분하며, 속씨식물은 외떡잎식물과 쌍떡잎식물로 구분한다. 물론 선태양치식물은 포자로 번식하기에 민꽃식물로, 종자식물은 꽃을 피우기에 꽃식물로 구분하기도 한다. 속씨식물의 씨방은 암술대 밑에 붙은 통통한 주머니 모양의 부위를 이르는데 그 속에 밑씨가 들어 있으며 밑씨는 생식기관 중 수정이 이루어진 후에 씨가 된다.

세계적으로 5만 9300여 종인 외떡잎식물은 떡잎이 한 장이며 대부분 꽃잎의 수가 3의 배수이다. 잎자루가 없는 잎은 가늘고 면적이 좁은 나란히맥이며 꽃가루에 구멍이 한 개이고 원뿌리와 곁뿌리의 구분이 없는 수염뿌리이다. 줄기의 관다발에는 물관과 체관이 불규칙하고 형성층인 부름켜가 없어서 부피 생장이 이루어지지 못하므로 줄기가 굵게 자라지 못한다. 외떡잎식물에는 벼, 보리, 밀, 옥수수, 사탕수수, 강아지풀, 난, 대나무, 종려나무, 야자나무 등이 있는데, 이 중 우리가 흔히 보는 대나무가 외떡잎식물로 형성층이 없는 풀임을 눈여겨볼 만하다. 다시 말하지만 외떡잎식물은 모두 풀이며, 종려나무, 야자나무 등도 대와 마찬가지로 잎맥이 나란히 달리는 외떡잎식물이다. 하늘을 찌르는 '밀랍야자wax palm'가 가장 큰 외떡잎식물이라 하는데 이들은 발아 때 떡잎이 땅속에 그대로 묻혀 있다. 특히 벼과식물의 떡잎은 노리끼리하게 싹틀 때 떡잎 집을 이고 지상으로 나오니 이 집을 자엽초라 한다.

세계적으로 19만 9350종으로 외떡잎식물보다 훨씬 많은 쌍떡잎식물은 떡잎이 두 장이며 대부분 꽃잎의 수가 4와 5의 배수이다. 잎이 넓고 잎자루가 있는 그물맥이며 꽃가루에 구멍이 세 개이고 원뿌리와 곁뿌리가 있다. 줄기의 관다발이 규칙적으로 배열되어 있으며 물관과 체관 사이에 고리 모양의 부름켜가 있어 비대생장을 하여 나이테가 생긴다. 쌍떡잎식물은 풀과 나무 모두 있는데 나무란 나무는 모두 쌍떡잎식물이다! 완두콩, 강낭콩, 무, 배추, 당근, 복숭아나무, 사과나무, 감나무 등이 있으며, 싹이 틀 때 떡잎이 땅 위로 솟아올라 와 달린다.

떡잎을 자엽이라고도 하는데, 속담에 등장한 떡잎은 씨앗에 양분을 저장하는 잎으로 종자가 싹틀 때 그 양분을 쓰고 씨앗의 속에 있는 배胚에서 가장 먼저 나온 잎을 말한다. 겉씨식물의 떡잎은 두 장이거나(은행나무) 여러 장이 배좁게 똘똘 말려나고(곰솔), 속씨식물의 쌍떡잎식물은 두 개가 마주나고 외떡잎식물은 한 개가 난다. 쌍떡잎식물은 종자의 양분을 떡잎에 저장하기 때문에 배젖이 없는 무배유종자無胚乳種子이지만 외떡잎식물은 배젖에 한가득 양분을 저장하므로 유배유종자有胚乳種子이다.

좀 더 보태면, 진화상으로는 유배유종자가 원시형이고 무배유종자가 진화한 것인데, 무배유종자는 배젖이 없는 콩 따위의 쌍떡잎식물 종자를 말하고, 유배유종자는 배젖이 있는 종자로 외떡잎식물의 씨앗인데, 예외로 쌍떡잎식물의 감나무, 아주까리(피마자)에는 배젖이 있다. 쌍떡잎식물인 콩 조각을 벌려 보면 가운데 작은 배와 곁에 두 장의 떡잎이 들어 있고, 같은 쌍떡잎식물인 감이나 아주까리씨를 둘로 짜개 보면 그 안에 있는 작은 숟가락 모양의 것이 배이고 나머지가 배젖이다. 반면 외떡잎식물인 벼에서 겉껍질만 벗긴 현미에 아주 작은 씨눈(배)이 붙어 있고, 나머지가 우리의 밥거리인 배젖으로 기름기름 싹틈에 필요한 양분이 거기에 들어 있다.

씨가 싹트면 제일 먼저 떡잎이 나오고, 떡잎 사이에서 어린 줄기가 나오며 이어서 잎이 나오는데, 잎이 나올 즈음이면 떡잎은 양분을 다 써서 시들고 새로 나온 잎이 광합성을 한다. 튼실한 종자에서 튼튼한 떡잎이 생기고 양분을 가득 담은 떡잎이

다음 식물의 운명을 결정하는 것은 당연지사다. 탱글탱글한 종자와 쭈그렁이 씨앗에서 나온 어느 푸나무가 딱히 될성부르겠는가. 불문가지로다.

참깨 들깨 노는데
아주까리 못 놀까

"참깨가 기니 짧으니 한다"란 그만그만한 것들 가운데에서 굳이 크고 작음이나 잘잘못을 가리려고 하듯이, 볼품없는 자질구레한 말을 하기 좋아하는 사람을 비꼬는 말이다. 또한 "들깨가 참깨보고 짧다고 한다"는 자신의 흉은 모르고 남의 흉만 탓함을, "참깨 들깨 노는데 아주까리 못 놀까"란 남들도 다 하는데 나도 한몫 끼어 하자고 나설 때 이르는 말이다. "깨가 쏟아지다"는 몹시 아기자기하고 재미가 남을, "물 묻은 바가지에 깨 엉겨 붙듯"은 무엇이 다닥다닥 엉겨 붙는 모양을 빗댄 말이며, "종달새 깨 그루에 앉아 통천하를 보는 체한다"는 북한 말로 하찮은 자리에 오른 자가 하늘 높은 줄 모르고 우쭐댐을, "기름을 버리고 깨를 줍는다"는 큰 이익을 버리고 보잘것없는 작은 이익을 구함을 비꼬아 이르는 말이다.

참깨는 열대식물로 아프리카 사하라 이남이 원산지일 것으로 추정하며, 미얀마, 인도, 중국 순으로 많이 재배되고 있다. 우리나라도 꽤나 재배하는 축에 들며, 인도에서 가장 많이 수출하고 일본이 최고 수입국이다.

참깨*Sesamum indicum*는 참깨과의 한해살이풀로 뿌리가 곧고 깊게 뻗어 가뭄에 무척 강하며, 줄기는 단면이 네모지고 흰색 털이 빽빽이 난다. 잎은 마주나기하고 줄기 윗부분에서는 때때로 어긋나기하며 긴 타원형에 끝부분은 뾰족하다. 꽃은 희거나 자색이고 꽃부리는 통 모양으로 끝이 다섯 개로 갈라지며, 한 개의 암술머리는 두 갈래로 갈라지고 수술은 네 개인데 그중 한 개는 헛수술staminode이다. 헛수술이란 양성화에서 수술이 형태는 갖추고 있으나 꽃가루가 형성되지 않는 불임성으로 가웅예假雄蘂라고도 한다. 참고로 식물이 씨앗을 맺지 못하는 것을 한자로 '불임不稔', 동물이 새끼치기를 못하는 것을 '불임不姙'이라고 한다.

참깨의 열매는 삭과蒴果이며, 길이 2~3센티미터 남짓의 원기둥 모양에 어림잡아 80개의 종자가 두둑히 들어 있고, 품종에 따라 흰색, 노란색, 검은색을 띠며 그중 검정깨를 흑임자黑荏子라 부른다. 흑임자는 불로장수의 식품으로 귀중하게 여기며 선약仙藥으로 취급되어왔다. 참참이 먹으면 모발이 많아지고 백발을 예방한다 하여 집사람이 가끔 꿀에 갠 것을 챙겨주지만 이미 백모가 된 지 오래라 암만해도 효험이 없다. 참깨 씨앗의 길이는 3~4밀리미터이며 너비는 2밀리미터, 두께는 약 1밀리미터로 고만고만한 것이 길쭉한 난형이다. 이렇게 깨알이 작으니 "깨알 같은 글씨"란 말이 생겨났다. 깨알에는 지방이 가장 많아 자그마치 48퍼센트를 차지하고, 탄수화물은 26퍼센트, 단백질이 17퍼센트, 식이섬유가 1퍼센트 함유되어 있는데 사람에 따라서 심한 알레르기 반응을 일으키는 수도 있다. 깨소금은 볶은 참깨를 빻아 소금을 약간 넣은 양념으로 고소한 맛과 냄새가 나는데, '깨소금 맛'이란 남의 불행을 보고 몹시 쌤통이라고 고소해함을 이르는 말이 아니던가.

알리바바와 40인의 도둑 이야기가 있다. 알리바바라는 성실하고 정직한 사람이 우연히 산중에서 40인의 도둑이 감춰놓은 보물 동굴을 발견한다. 그 때문에 도둑들의 보복을 받게 되었는데 현명한 시녀의 기지와 용기로 구출된다는 이야기다. 여기에서 나오는 "열려라 참깨Open sesame!" 주문을 모르는 사람은 없다. 참깨에 신비스러운 힘이 숨어 있다고 믿었던 모양이다.

실제로 참깨에는 놀라운 힘이 있다. 참기름은 노화를 방지하는 항산화 물질과 비타민 E, 셀레늄, 콜레스테롤 생성을 억제

하는 리놀레산, 발암 억제작용을 하는 세사민sesamin과 세사모
린sesamolin 등이 함유되어 있다. 그래서 참기름을 짜고 남은 깻
묵은 사료나 비료로도 쓴다.

참깨는 여기에 끝내고 다음은 들깨 이야기다. 들깨*Perilla
frutescens* var. *japonica*는 꿀풀과의 한해살이풀로 인도나 중국의 고지
가 원산지이다. 잎에 페릴알데히드perillaldehyde, 리모넨limonene,
페릴라케톤perillaketone 등과 같은 방향성 성분인 휘발성 기름이
들어 있어 독특한 향으로 입맛을 돋우어주며, 이탈리아와 프랑
스 요리에 많이 사용되는 바질과 비슷한 냄새가 난다. 한국, 일
본, 중국, 베트남에서 요리의 재료로 많이 쓰나 서로 품종이 달
라서 풍미가 조금씩 다르며, 흔히 자소紫蘇라고도 하는데 일본
어로 시소shiso라 하니 세계적으로 통하는 말이다.

들깨의 줄기는 60~90센티미터로 네모지고 곧추서며, 잎은
7~12센티미터이고 너비는 5~8센티미터로 마주난다. 잎은 달
걀 모양으로 언저리에 뾰족뾰족한 톱니가 둘러나며, 앞면은 녹
색이지만 뒷면에는 철분 탓에 자줏빛이 돈다. 길이 4~5밀리
미터의 흰색 꽃은 8~9월에 피며 입술 모양의 통꽃으로 제꽃가
루받이를 원칙으로 하기에 개화 전에 모조리 수정이 이뤄진다.
열매는 둥글고 지름이 2밀리미터 정도로 잘 들여다보면 겉에
그물무늬가 난다.

들기름의 38~45퍼센트는 지방으로 다른 어느 기름보다 오메가3 지방산이 많이 함유되어 있고, 들깻잎에는 식이섬유, 칼슘, 철, 나트륨, 비타민 A, 비타민 C, 비타민 B_2가 많다. 또한 불포화지방산이 많아 혈중 콜레스테롤을 낮추고 항암효과와 당뇨병 예방, 시력 향상, 알레르기 질환 예방에 좋다. 잎채소 깻잎은 쌈이나 나물, 장아찌나 김치로도 먹는데, 뭐니 해도 철분이 시금치의 두 배 이상 함유되어 있다. 동물의 간이나 지라가 빈혈에 좋다면 식물성으로는 깻잎이 으뜸이다.

들기름은 옛날엔 등잔불 기름에 썼고, 요새는 양념으로 쓰는데, 깻가루는 추어탕이나 보신탕에 넣으면 누린내를 없애준다. 페인트, 니스, 인쇄용 잉크, 비누 등의 원료로도 이용하는데, 우리가 어릴 적엔 백지에 들기름을 먹여 기름 장판지를 만들었다.

가을 아욱국은 사위만 준다

　"아욱국을 끓여 삼 년을 먹으면 외짝 문으로는 못 들어간다"
란 아욱으로 늘 국을 끓여 먹으면 몸이 불어서 작은 문을 지나
가지 못한다는 뜻이다. 또한 "가을 아욱국은 사위만 준다"거나
"가을 아욱국은 계집 내쫓고 먹는다" "가을 아욱국은 사립문
닫고 먹는다"는 모두 가을의 아욱이 몸에 매우 좋다는 말이다.
그런데 우리 집사람은 아욱이 미끈거린다고 질색하니 아쉽게
도 제대로 융숭한 아욱 대접 한번 못 받고 죽을 판이다. 치매에
썩 좋다고 하면 꼴까닥 속아 넘어가 끓여 줄라나? 늙으면 노망
드는 것이 그리 무섭다는 말이다.

　아욱*Malva verticillata*은 아욱과의 풀로 주로 온대나 아열대 지방
에 분포하며, 우리나라에서는 1년생이지만 더운 지방에서는

다년초다. 아욱무리를 통틀어 '맬로mallow'라 하는데 식용아욱은 잎끝이 말렸다 하여 '컬드 맬로curled mallow'라 하며, 무엇보다 아욱은 끈적끈적한 점액성의 액즙이 나는 것이 특징이다. 줄기는 곧고 억실억실하게 60~90센티미터로 자라고, 잎은 둥글며 어긋나기를 하면서 끝이 5~7갈래로 갈라지며 잎 가장자리에 둔한 톱니가 있다. 꽃은 연분홍색 또는 백색이고 잎겨드랑이에서 모여 달리며, 꽃잎은 다섯 장으로 끝이 오목하게 파진다. 수술은 열 개이고 꽃받침은 다섯 개로 갈라지며, 포엽苞葉이 세 개인데 넓은 부채꼴이다. 포엽이란 잎이 변태한 것으로 꽃이나 꽃받침을 둘러싸는 작은 잎을 말하는데, 일례로 꽃기린은 꽃잎이 없고 포엽이 변해서 꽃잎처럼 빨갛다.

봄부터 여름에 걸쳐 여린 줄기와 잎사귀는 국거리로 쓰여 옛날부터 중요한 채소로 재배했다. 아욱국에는 토장 아욱국과 건새우 아욱국이 있으니, 쌀뜨물에 된장이나 고추장을 잔뜩 넣어 한소끔 끓이다가 손질한 아욱과 보리새우, 다진 마늘, 대파를 넣어 끓이고, 마른새우나 쇠고기, 멸치를 넣기도 한다. 한방에서는 종자를 동규자冬葵子 또는 규자라 하여 이뇨제로 쓴다.

아욱과에는 부용, 접시꽃, 아욱, 무궁화, 목화 따위가 있다. 이 중에서 "무궁화 삼천리 화려강산, 대한 사람 대한으로 길이 보전하세"의 무궁화Hibiscus syriacus를 보지 않을 수 없다. 무궁화를 근화權花라도 하며, 높이가 3미터로 자라는 교목인데, 잎은 보통 홑잎이고 손바닥 모양으로 갈라져 어긋나기를 하며, 꽃은 잎겨드랑이에서 하나씩 피고 대체로 종 모양이며 다섯 개의 꽃잎은 포개진다. 보통 홍자색 계통이나 흰색, 분홍색, 다홍색, 보라색, 자주색 등 아주 다양하고, 꽃의 안쪽 밑동에 빨간 무늬가 있는 경우가 많다. 수술은 여러 개가 있지만 모두 통 모양으로 합쳐져 우뚝하게 단체수술fused stamens을 이루고, 그 중앙부에서 암술대가 나오며 암술대나 암술머리는 다섯 개 또는 그 이상으로 갈라진다. 열매는 길쭉한 삭과로 익으면 여러 갈래로 벌어진다.

나라꽃은 꽃이 아름다울뿐더러 꽃피는 기간이 7∼10월로 끝없이 길어서 피고 또 피니 그래서 무궁화라는 이름이 붙었다고도 한다. 정원이나 학교, 도로변, 공원 등의 조경 및 울타리로 널리 이용되고, 한국, 싱가포르, 홍콩, 타이완 등지에서 많이 심는다. 하와이무궁화Hawaiian hibiscus는 열대원산상록수로 잎이 뽕나무 잎 모양이면서 꽃이 무척 크고 새빨간 것이 우리나라에서는 겨울을 나지 못하기에 화분에 심는다. 외국에 나가 태극기나 무궁화를 볼 때 불쑥 치솟는 애국심은 너 나 다르지 않다.

다음은 목화를 간단히 보자. 목화에 얽히고설킨 속담 몇이 있으니, "꽃은 목화가 제일이다"란 겉모양은 보잘것없어도 쓸모가 큰 목화가 좋다는 뜻으로 겉치레보다는 실속이 중요함을, "씨아와 사위는 먹어도 안 먹는다"는 목화를 빼는 기구인 씨아가 목화를 먹는 것과 사위가 먹는 것은 아깝지 아니하다는 뜻으로 '백년지객百年之客'을 귀히 여김을 이르는 말이다. 또한 "울고 먹는 씨아라"는 씨아가 뻑뻑 소리를 내며 솜을 먹으면서 목화씨를 골라낸다는 뜻으로 징징거리면서도 하라는 일은 어쩔 수 없이 함을 비유하는 말이다.

필자의 고향인 경남 산청에서 태어난 문익점은 고려시대의 학자로, 공민왕 1363년에 원나라에 갔다가 돌아오면서 붓두껍 속에 몰래 목화씨앗 열 개를 감추어 가져왔다고 한다. 그 무렵 우리는 면으로 짠 솜옷이 없었고 고작 갈대(작은 대) 이삭의 보들보들한 갓털을 솜 대신 썼다. 문익점이 장인 정천익에게 면화씨를 주었으니, 산청군, 단성면, 배양마을에 '면화 시배지棉花始培地'가 있고, 지금은 그 곁 자락에 전시관이 들어서 있다.

목화Gossypium arboreum는 한해살이풀로 원산지는 인도이며 면화綿花, 초면草綿이라고도 한다. 필자 고향에서는 목화를 '미영'이라고 불렀는데, 백내장에 걸려 수정체의 단백질이 하얗게 변하면서 눈동자가 희게 보이면 이를 "미영 씨 박혔다"고 했다. 온대에서는 90센티미터 안팎으로 자라고 열대에서는 2미터 안팎으로 자라며, 잎에는 바소꼴lanceolate의 턱잎이 있고 천생 단풍

잎을 닮아서 3~5개의 열편(짜개진 잎 가장자리)이 난다. 꽃은 백색이거나 황색으로 피고, 꽃잎은 다섯 장이 겹으로 연신 배배 말렸으며, 한 개의 암술과 130여 개의 수술이 입추의 여지없이 다닥다닥 나 있다. 열매는 달걀꼴의 삭과로 영글면 꼬투리가 다섯 갈래로 갈라지면서 일종의 갓털인 흰 솜털이 드러난다.

꽃이 지고 얼마 후면 동글동글한 녹색 열매가 맺히니 풋것을 '다래(목화다래)'라 하는데, 어른들은 귀가 따갑게도 "다래 따먹으면 문둥이 된다"고 윽박질렀다. 여차하여 주인에게 걸리면 국물도 없었지만, 그 달큼한 맛을 본 또래들은 다람쥐처럼 두 손으로 솜이 될 하얀 속을 발라 먹었다. 풀뿌리, 나무껍질을 먹고 지내기에 배가 등가죽에 붙은 주제에 다래는 허기달래기 중에서 윗길이었지. 지금도 그 생각만 하면 생침이 돈다. 그런데 다 익은 목화씨에는 '고시폴gossypol'이라는 독성분이 있어 날로 먹으면 심부전이나 용혈성 빈혈에 걸린다고 한다. 호롱불을 켜는 데 쓰기도 했지만, 특히 식용유로 많이 썼던 면실유棉實油에 고시폴이 그득 들었지만, 가열하면 독성이 씻은 듯 사라지기에 아무런 문제가 되지 않는다.

아메바적 사고법

경우의 수 중에 분명 중간항이 있는데 이를 무시하고 단지 둘로만 몰고 가는 사고방식을 '이분법적 사고'라 한다. 다른 말로 '흑백논리'라고도 하는데, 검정과 하양 사이에 짙고 옅은 다양한 회색이 있는데도 '흑' 아니면 '백'으로 여기는 사고이다. 이는 모두 아집에 기인한 것으로 동물의 번식법 중 가장 하등하다는, 하나가 둘로 잘라지는 '아메바적' 사고요 원생동물과 같은 '단세포적' 사고이다. 결국 수준 낮은 융통성 없는 저급한 사고방식인데, 한마디로 성공과 실패, 부자와 빈자, 우등생과 열등생, 옳음과 그름, 흑과 백, 좌익과 우익, 보수와 진보 등 흔히 대상을 이분법적으로 구분하고 '중간자'를 허용치 않는 사고이다. 세상만사를 칼로 두부모 자르듯 할 순 없는데 말이

지…….

　참고로, 안건훈 교수가 쓴 『이분법적 사고방식』이란 책은 독자들에게 큰 도움을 줄 것이다. 이 책은 이분법적 사고방식을 전반적이고도 체계적으로 고찰하고 이에 속하는 대표적 예와 특징을 정리하는 한편, 역기능이나 문제점도 지적하고 있다. 일독을 권하는 바이다.

　어쨌거나 아메바의 생식법인 이분법을 통해 이분법적 사고 속에 담긴 생각을 살펴볼 수 있다. 필자는 평생 딱 한 번 고배율 현미경으로 아메바를 관찰하였는데 녀석들이 하도 작고 투명하여 반사경을 어두운 배경으로 조절해 눈을 부릅뜨고 골똘히 찾지 않으면 죽었다 깨나도 좀체 기어가는 것을 볼 수 없었다. 다시 말해서 성마르지 않고 꾸준히 사랑의 눈으로 곰살갑게 보아야 아메바가 보인다. 아메바는 사진에서 보면 흔히 평면으로 생각하기 쉬우나 3차원적인 둥그렇고 불룩한 배불뚝이다.

　이분법이란 세균같이 핵(염색체DNA)이 핵막에 싸여 한군데 모여 있지 않고 사방으로 퍼져 있는 원핵생물原核生物이나 핵이 제대로 모양을 갖춘 진핵생물眞核生物 중에서도 단세포생물인 원생생물原生生物이 사용하는 무성생식 방법으로, 보통 세포분열하듯이 세포가 둘로 갈라지는 생식 방법이다. 짚신벌레나 아메바와 같은 원생동물과 부패에 관여하는 여러 세균이나 식물성 플랑크톤을 대표하는 규조류硅藻類 등 수많은 생물들이 이 방식을 택한다.

이분법은 처음에 DNA 복제가 일어나면서 염색체가 길어지고 세포가 늘어나면서 중앙 세포막이 안으로 밀려들어가 둘로 쪼개지는 세포질분열이다. 근본적으로는 다세포생물에서의 세포분열과 같이 두 개의 딸세포는 어미세포와 유전자가 동일한데, 이는 아주 효과적인 번식이다. 대장균을 예로 들어, 환경 조건이 좋으면 약 20분에 1회 꼴로 분열이 일어나니 가히 기하급수적으로 급증한다. 굳이 계산하면 처음 1시간 동안은 8마리, 4시간 후면 4096마리, 10시간 후면 10억 7374만 1824마리로 늘어나는 셈이다.

이분법은 이렇게 무성생식이라 짝 없이 무한히 수를 늘릴 수 있지만, 자기복제만 하는 탓에 딱히 새로운 변이를 일으키지 못한다는 단점이 있다. 세균이 까마득히 수십억 년 동안 유구한 세월이 지났는데도 여전히 고릿적 모습 그대로를 유지하고 있는 것은 다음 대가 모두 옛것과 동일한 유전물질을 갖기 때문이다. 고등 동식물이 암수가 있어 양성생식을 하므로 많은 변이를 하는 것과 상반된다.

여기서 본격적으로 아메바의 세계를 들여다보기로 한다. 아메바는 알다시피 원생동물로 단세포동물이다. 크기가 보통

0.02~0.5밀리미터로 고배율현미경으로 겨우 보이고 일정한 모양이 없으며 대부분 늪이나 연못 따위의 물에서 산다. 물론 땅에도 살지만 사람의 몸에 득실거리니, 치아에 사는 치은아메바나 대장에 살면서 병을 일으키는 여러 장아메바 따위도 있다.

아메바 중에서 길이 220~740마이크로미터로 가장 큰 아메바의 대표종인 *Amoeba proteus*의 학명에서 속명의 *Amoeba*는 그리스어 '아메비amebi'에서 온 것으로 '바뀜'을, *proteus* 역시 그리스 신 프로테우스Proteus에서 온 것으로 변한다는 뜻이다. 아메바는 일정한 모양이 없는 것이 특징이며, 물속의 플랑크톤이나 규조류를 먹고 사는 타가영양他家營養을 하는 원생동물이다.

아메바의 앞쪽 끝에 길쭉하고 뭉툭 튀어나온 '헛다리', 허족虛足, 위족僞足이라 부르는 돌기가 하나 있고, 거기서 봉곳이 여러 갈래의 작은 헛발가지를 친다. 다른 원생동물처럼 중앙에 핵이 있고, 물은 퍼내어 주변과 등장액을 만들어 삼투압을 조절하는 수축포收縮胞와 세포내 소화를 하는 식포食胞가 있다.

이분법은 그지없이 쉬운 번식 방법이지만 앞에서 말했듯이 유전적 변화가 없는 원시적 생식 방법으로, 이분법적 사고 또한 융통성 없는 하등한 사고방식이다. '일도양단一刀兩斷'이라 무 자르듯 해야 할 때도 있지만, 하나 아니면 둘, 이것 아니면 저것, 내 편 아니면 네 편, 전부 아니면 전무, 이런 식으로 편을 갈라서야 어디 쓰겠는가. 꽉 막힌 옹졸한 좀팽이나 할 짓이다. 그렇지 않은가. 좀 더 가변적이고 너그러운 사고방식을 가질지어다. 헐후하게 귓등으로 듣고 넘길 일이 아니다.

1권

달팽이 더듬이 위에서
티격태격, 와우각상쟁

작은 고추가 맵다 | 이 거머리 같은 놈! | 쪽빛, 남색, 인디고블루는 같은 색 | 가물치 콧구멍이다! | 어버이 살아실 제 섬기기 다하여라, 까악! | 잎 줄기와 꽃은 천생 해바라기, 뿌리는 영락없이 감자인 뚱딴지 | 야 이놈아, 시치미 떼도 다 안다! | 지네 발에 신 신긴다 | 구불구불 아홉 번 굽이치는 구절양장 | 눈을 보면 뇌가 보인다 | 가재는 게 편이요, 초록은 동색이라 | 은행나무도 마주 심어야 열매가 연다 | 참새가 방앗간을 그저 지나랴 | 벼 룩의 간을 내먹겠다 | 야, 학질 뗐네! | 자라 보고 놀란 가슴 솥뚜껑 보고 놀란다 | 임금님 머리에 매미가 앉았다? | 해로동혈은 다름 아닌 해면동물 바다수세미렷다! | 빈대도 낯짝이 있다 | 만만한 게 홍어 거시기다 | 나무 도 아닌 것이 풀도 아닌 것이 | 달팽이 더듬이 위에서 티격태격, 와우각상 쟁 | 이현령비현령이라! | 복어 헛배만 불렀다 | 보릿고개가 태산보다 높 다 | 우렁이도 두렁 넘을 꾀가 있다 | 간에 붙었다 쓸개에 붙었다 한다 | 마

파람에 게 눈 감추듯 | 구더기 무서워 장 못 담그랴 | 뱁새가 황새 따라가다 가랑이 찢어진다 | 하루살이 같은 부유인생 | 호박꽃도 꽃이냐 | 꿩 대신 닭이라 | 망둥이가 뛰니 꼴뚜기도 뛴다 | 이름 없는 풀의 이름, 그령 | 두더지 혼인 같다 | 밴댕이 소갈머리 같으니라고 | 당랑거철이라, 사마귀가 팔뚝을 휘둘러 수레에 맞서? | 박쥐구실, 교활한 박쥐의 두 마음 | '부평초 인생'의 부평초는 무논의 개구리밥 | 개똥불로 별을 대적한다 | 귀 잘생긴 거지는 있어도 코 잘생긴 거지는 없다 | 토끼를 다 잡으면 사냥하던 개를 삶아 먹는다 | 견문발검, 모기 밉다고 칼을 뽑으랴 | 구렁이 담 넘어가듯 한다 | 쑥대밭이 됐다 | 썩어도 준치 | 노래기 회 쳐 먹을 놈 | 연잎 효과 | 녹비에 가로왈 자라

2권

소라는 까먹어도 한 바구니
안 까먹어도 한 바구니

인간만사가 새옹지마라! | 네가 뭘 안다고 촉새같이 나불거리느냐? | 고양이 쥐 생각한다 | 콩이랑 보리도 구분 못하는 무식한 놈, 숙맥불변 | 도로 물려라, 말짱 도루묵이다! | 미꾸라지 용 됐다 | 손톱은 슬플 때마다 돋고, 발톱은 기쁠 때마다 돋는다 | 메기가 눈은 작아도 저 먹을 것은 알아본다 | 오동나무 보고 춤춘다 | 여우가 호랑이의 위세를 빌려 거들먹거린다, 호가호위 | 물고에 송사리 끓듯 | 개구리도 움쳐야 뛴다 | 곤드레만드레의 곤드레는 다름 아닌 고려엉겅퀴 | 두루미 꽁지 같다 | 눈썹에 불났다, 초미지급 | 넙치가 되도록 얻어맞다 | 언청이 굴회 마시듯 한다 | 칡과 등나무의 싸움박질, 갈등 | 달걀에 뼈가 있다? 달걀이 곯았다! | 소라는 까먹어도 한 바구니 안 까먹어도 한 바구니 | 오소리감투가 둘이다 | 못된 소나무가 솔방울만 많더라 | 진화는 혁명이다! | 등용문을 오른 잉어 | 이 맹꽁이 같은 녀석 | 도토리 키 재기, 개밥에 도토리 | 제비는 작아도 알만 잘 낳는

다 | 개 꼬락서니 미워서 낙지 산다 | 처음에는 사람이 술을 마시다가 술이
술을 마시게 되고, 나중에는 술이 사람을 마신다 | 악어의 눈물 | 우선 먹
기는 곶감이 달다 | 조개와 도요새의 싸움, 방휼지쟁 | 눈이 뱀장어 눈이면
겁이 없다 | 황새 여울목 넘겨보듯 | 엉덩이로 밤송이를 까라면 깠지 | 원
앙이 녹수를 만났다 | 짝 잃은 거위를 곡하노라 | 이 원수는 결코 잊지 않
겠다, 와신상담 | 재주는 곰이 부리고 돈은 주인이 받는다 | 원숭이 낯짝
같다 | 뒷도 모르고 송이 따러 간다 | 사또 덕분에 나팔 분다 | 호랑이가
새끼 치겠다 | 너 죽고 나 살자, 치킨 게임 | '새삼스럽다'는 말을 만든 것은
'새삼'이 아닐까? | 쥐구멍에도 볕 들 날 있다 | 떡두꺼비 같은 내 아들 |
그칠 줄 모르는 질주, 레밍 효과 | 피는 물보다 진하다 | 입술이 없으면 이
가 시리다, 순망치한

3권

고슴도치도 제 새끼는
함함하다 한다지?

뽕 내 맡은 누에 같다 | 오이 밭에선 신을 고쳐 신지 마라 | 고슴도치도 제 새끼는 함함하다 한다 | 백발은 빛나는 면류관, 착하게 살아야 그것을 얻는다 | 후회하면 늦으리, 풍수지탄 | 파리 족통만 하다 | 새끼 많은 소 길마 벗을 날이 없다 | 자식도 슬하의 자식이라 | 빨리 알기는 칠월 귀뚜라미라 | 진드기가 아주까리 흉보듯 | 고래 싸움에 새우 등 터진다 | 사시나무 떨듯 한다 | 다람쥐 쳇바퀴 돌듯 | 창자 속 벌레, 횟배앓이 | 화룡점정, 용이 구름을 타고 날아 오르다 | 귀신 씨나락 까먹는 소리한다 | 양 머리를 걸어놓고 개고기를 판다 | 손뼉도 마주 쳐야 소리가 난다, 고장난명 | 기린은 잠자고 스라소니는 춤춘다 | 언 발에 오줌 누기 | 여덟 가랑이 대 문어같이 멀끔하다 | 까마귀 날자 배 떨어진다, 오비이락 | 임시방편, 타조 효과 | 목구멍이 포도청 | 사탕붕어의 검둥검둥이라 | 고사리 같은 손 | 부엉이 방귀 같다 | 수염이 대자라도 먹어야 양반 | 방심은 금물, 낙타의 코 | 벌레

먹은 배춧잎 같다 | 치명적 약점, 아킬레스건 | 흰소리 잘하는 사람은 까치 흰 뱃바닥 같다 | 계륵, 닭의 갈비 먹을 것 없다 | 웃는 낮에 침 뱉으랴 | 알토란 같은 내 새끼 | 혀 밑에 도끼 들었다 | 세상 뜸부기는 다 네 뜸부기냐 | 하루 일하지 않으면 하루 먹지 말라 | 첨벙, 몸을 날리는 첫 펭귄 | 잠자리 날개 같다 | 뽕나무밭이 변해 푸른 바다가 된다, 상전벽해 | 돼지 멱따는 소리 | 뻐꾸기가 둥지를 틀었다? | 뱉을 수도, 삼킬 수도 없는 뜨거운 감자 | 닭 잡아먹고 오리발 내민다 | 깨끗한 삶을 위해 귀를 씻다 | 역사에 바쁜 벌은 슬퍼할 틈조차 없다 | 산 입에 거미줄 치랴